上海市工程建设规范

建筑工程升降脚手架及防护架技术标准

Technical standard for lifting operation scaffold and protective frame of building engineering

DG/TJ 08—2376—2021
J 15846—2021

主编单位：上海建工集团股份有限公司
　　　　　上海建工四建集团有限公司
批准单位：上海市住房和城乡建设管理委员会
施行日期：2021 年 12 月 1 日

同济大学出版社

2022　上海

图书在版编目(CIP)数据

建筑工程升降脚手架及防护架技术标准 / 上海建工集团股份有限公司,上海建工四建集团有限公司主编. —上海:同济大学出版社,2022.10

ISBN 978-7-5765-0155-1

Ⅰ. ①建… Ⅱ. ①上… ②上… Ⅲ. ①附着式脚手架－工程施工－技术标准－上海 Ⅳ. ①TU731.2-65

中国版本图书馆 CIP 数据核字(2022)第 031737 号

建筑工程升降脚手架及防护架技术标准

上海建工集团股份有限公司
上海建工四建集团有限公司　主编

责任编辑　朱　勇
责任校对　徐春莲
封面设计　陈益平

出版发行　同济大学出版社　　www. tongjipress. com. cn
　　　　　(地址:上海市四平路 1239 号　邮编:200092　电话:021－65985622)
经　　销　全国各地新华书店
印　　刷　浦江求真印务有限公司
开　　本　889mm×1194mm　1/32
印　　张　3.875
字　　数　104 000
版　　次　2022 年 10 月第 1 版
印　　次　2022 年 10 月第 1 次印刷
书　　号　ISBN 978-7-5765-0155-1
定　　价　40.00 元

本书若有印装质量问题,请向本社发行部调换　　版权所有　侵权必究

上海市住房和城乡建设管理委员会文件

沪建标定〔2021〕384 号

上海市住房和城乡建设管理委员会
关于批准《建筑工程升降脚手架及防护架技术
标准》为上海市工程建设规范的通知

各有关单位：

由上海建工集团股份有限公司、上海建工四建集团有限公司主编的《建筑工程升降脚手架及防护架技术标准》，经我委审核，现批准为上海市工程建设规范，统一编号为 DG/TJ 08—2376—2021，自 2021 年 12 月 1 日起实施。

本规范由上海市住房和城乡建设管理委员会负责管理，上海建工集团股份有限公司负责解释。

特此通知。

上海市住房和城乡建设管理委员会

二〇二一年六月二十一日

前　言

根据上海市住房和城乡建设管理委员会《关于印发〈2017年上海市工程建设规范编制计划〉的通知》(沪建标定〔2016〕1076号)的要求,由上海建工集团股份有限公司和上海建工四建集团有限公司会同有关单位进行了广泛的调查研究,认真总结实践经验,参照国内外相关标准和规范,并在反复征求意见的基础上,制定本标准。

本标准的主要内容有:总则;术语和符号;基本规定;材料与构配件;荷载与组合;设计计算;构造要求;安装、升降、使用和拆除;检查与验收;安全管理。

各单位及相关人员在执行本标准过程中,请注意总结经验,并将意见和建议及时反馈至上海市住房和城乡建设管理委员会(地址:上海市大沽路100号;邮编:200003;E-mail:shjsbzgl@163.com),上海建工集团股份有限公司(地址:上海市东大名路666号;邮编:200080;E-mail:scgbzgfs@163.com),上海市建筑建材业市场管理总站(地址:上海市小木桥路683号;邮编:200032;E-mail:shgcbz@163.com),以便修订时参考。

主 编 单 位:上海建工集团股份有限公司
　　　　　　上海建工四建集团有限公司
参 编 单 位:上海建工一建集团有限公司
　　　　　　上海建工五建集团有限公司
　　　　　　上海建工七建集团有限公司
　　　　　　杭州品茗安控信息技术股份有限公司
　　　　　　上海市浦东新区建设(集团)有限公司
　　　　　　上海建瓴工程咨询有限公司

主要起草人:龚 剑　张 铭　朱毅敏　曹文根　梅英宝
　　　　　　吕 达　张 峣　张志峰　魏永明　成克锦
　　　　　　陈建江　宋 昂　叶青荣　高昇伟　闫雁军
　　　　　　邢 利　王小安　刘 昊　窦 超　凌旭辉
　　　　　　张梓升
主要审查人:陶为农　龙莉波　罗玲丽　汤坤林　李海光
　　　　　　向海静　施仁华

上海市建筑建材业市场管理总站

目 次

Contents

1 总　则

1.0.1　为规范建筑施工升降脚手架及防护架的设计、安装、拆除、使用及安全管理，做到技术先进、安全适用、经济合理，制定本标准。

1.0.2　本标准适用于本市建筑工程升降脚手架及防护架，包括附着式升降作业安全防护平台、筒架、防护架、自升式平台及高处作业吊篮的设计、安装、拆除、使用及安全管理。

1.0.3　建筑工程升降脚手架及防护架的设计、安装、拆除、使用及安全管理除应执行本标准外，尚应符合国家、行业和本市现行有关标准的规定。

2 术语和符号

2.1 术语

2.1.1 升降作业脚手架 lifting operation scaffold

为操作人员设置的作业及防护平台，附着在建筑物上自行或利用机械设备沿建筑物可整体或部分升降的脚手架，简称升降脚手架。

2.1.2 防护架 protective frame

附着于建筑结构上，利用自身或外部设备分片逐层提升，对结构施工作业起操作平台和防护作用的轻型外脚手架。

2.1.3 附着式升降作业安全防护平台 safety protection platform for adhering type lifting operation

搭设一定高度并附着于工程结构上，依靠自身的升降设备和装置，可随工程结构逐层爬升或下降，具有安全防护、防倾、防坠和同步升降功能的施工作业平台。由平台结构、升降机构、动力设备、防倾装置、防坠装置及升降同步控制系统组成。

2.1.4 筒架 lift scaffold in tube structure

用于电梯井道内部墙体施工的内筒提升架体，利用自身或外部设备提升。

2.1.5 自升式平台 elevating work platforms

有动力操作的、临时性安装的、可载人进行作业的设备，由带控制的工作平台、伸展结构和底盘等构件组成。

2.1.6 高处作业吊篮 temporary installed suspended access equipment

悬挑机构架设于建筑物或构筑物上，利用提升机驱动悬吊平台，通过钢丝绳沿建筑物或构筑物立面上下运行的施工设施，简称吊篮,也是为操作人员设置的作业平台。

2.1.7 平台结构 platform structure

由竖向主框架、水平支承结构及平台构架组成的架体。

2.1.8 竖向主框架 vertical main frame

垂直于建筑物外立面,并与导轨连接,主要承受和传递架体竖向和水平荷载的竖向框架式结构件。由钢管或型钢制作,分为平面桁架、空间桁架和刚架三种结构形式。

2.1.9 水平支承结构 horizontal supporting structure

设置在竖向主框架的底部,与建筑结构外立面平行,与竖向主框架相连接,主要承受平台竖向荷载,并将竖向荷载传递至竖向主框架的水平支承结构。由钢管或型钢制作,为空间桁架结构或型钢梁结构。

2.1.10 平台构架 platform frame

安装于相邻两竖向主框架之间,并支承在水平支承结构上的架体。由扣件式钢管脚手架、门式钢管脚手架或承插型盘扣式钢管支架组成,或由型钢构件搭设。

2.1.11 附着支承点 attached supporting

附着支承结构对架体形成的具有独立支承作用的支承点。

2.1.12 平台高度 platform height

平台最底层杆件轴线至平台最上层横杆(护栏)轴线间的距离。

2.1.13 平台宽度 platform width

平台竖向主框架内外排立杆轴线之间的水平距离。

2.1.14 悬臂高度 cantilever height

平台的最上部具有防倾功能的有效附着支座以上的平台高度。

2.1.15 悬挑长度 overhang length

平台竖向主框架中心轴线至平台端部立面之间的水平距离。

2.1.16 平台支承跨度 platform supported span

两相邻竖向主框架中心轴线之间的距离,也是两个机位之间的距离。

2.2 符 号

2.2.1 荷载和荷载效应

w_k——风荷载标准值；

w_0——基本风压值；

S——荷载效应组合设计值；

S_{GK}——恒荷载效应的标准值；

S_{QK}——活荷载效应的标准值；

S_{Wk}——风荷载效应的标准值；

Q_{wk}——吊篮的风荷载标准值；

G——自重；

g——重力加速度。

2.2.2 材料设计指标

f_c——上升时混凝土龄期试块轴心抗压强度设计值；

N_v——一个螺栓所承受的剪力设计值。

2.2.3 几何参数

b——混凝土外墙厚度；

d——穿墙螺栓直径；

L——标准节中心至墙面的距离；

B——附墙预埋件中心距离；

A_n——为附着式升降作业安全防护平台迎风面挡风面积；

A_w——为附着式升降作业安全防护平台迎风面面积；

A_b——局部受压计算底面积；

A_l——混凝土局部受压面积；

A_{ln}——混凝土局部受压净面积。

2.2.4 计算系数

K——吊、索具安全系数；

μ_z——风压高度变化系数；

μ_s——风荷载体型系数；

ϕ——挡风系数；

γ_G——恒荷载分项系数；

γ_Q——活荷载分项系数；

γ_{Qw}——风荷载分项系数；

γ_1——安全系数；

γ_2——附加荷载不均匀系数；

γ_3——冲击系数；

β_c——混凝土强度影响系数；

β_l——混凝土局部受压时强度提高系数；

β_b——螺栓孔混凝土受荷计算系数。

3 基本规定

3.0.1 使用升降脚手架及防护架的工程项目应根据工程特点及使用要求编制专项施工方案,履行审批手续,进行安全技术交底后组织实施。

3.0.2 专项施工方案应包括下列内容:

1 工程概况及特点。

2 编制依据。

3 施工计划。

4 施工工艺技术。

5 施工安全保证措施。

6 施工管理及作业人员配备和分工。

7 验收要求。

8 应急处置措施。

9 计算书及相关施工图纸。

3.0.3 升降脚手架及防护架构造应合理,支承桁架和竖向主框架结构应为几何不可变体系,其他承重结构和受力构件应具有足够的承载力、刚度和稳定性。

3.0.4 升降脚手架及防护架设计与使用应明确技术性能指标和适用范围。

3.0.5 升降脚手架及防护架中使用的升降设备、防倾覆装置、防坠落装置、同步控制装置等应符合国家现行有关标准的规定。升降过程中,不应使用塔吊作为升降设备。

3.0.6 五级(含五级)以上大风、大雨、大雪、浓雾等恶劣天气,不应进行升降脚手架及防护架的安装、升降、拆除等作业。

3.0.7 升降脚手架及防护架在安装完毕、升降前、使用前应进行检查验收,验收合格后方可进行后续施工。

3.0.8 产权单位和使用单位应对升降脚手架及防护架使用情况进行记录并归档。

4 材料与构配件

4.1 一般规定

4.1.1 升降脚手架及防护架所使用的材料、构配件应有质量证明书或合格证,并符合产品设计规定。

4.1.2 外购的构配件应有制造厂家的产品合格证明文件。

4.1.3 构配件所使用的钢管应符合现行国家标准《低压流体输送用焊接钢管》GB/T 3091、《直缝电焊钢管》GB/T 13793 的规定,材质不应低于 Q235。

4.1.4 构配件所使用的矩形钢管应符合现行国家标准《结构用冷弯空心型钢》GB/T 6728 的规定。

4.1.5 构配件所使用的型钢应符合现行国家标准《热轧型钢》GB/T 706 的规定。

4.1.6 构配件所使用的钢板和圆钢材质应为现行国家标准《碳素结构钢》GB/T 700 中规定的 Q235 钢或《低合金高强度结构钢》GB/T 1591 中规定的 Q355 钢。

4.1.7 构配件连接所使用扣件应符合现行国家标准《钢管脚手架扣件》GB 15831 的规定,螺栓拧紧的力矩达到 65 N•m 时不应发生破坏。

4.1.8 升降脚手架及防护架的构配件,当出现下列情况之一时,应更换或报废:

   1 构配件或焊缝出现裂纹的。

   2 构配件锈蚀、磨损、变形,影响承载能力或使用功能的。

   3 锚固螺栓变形、裂纹、严重锈蚀和丝扣损伤或连接件不匹配的。

4 防坠落装置在架体坠落时动作,发挥防坠作用后。

5 电动葫芦链条损伤,影响承载安全的。

4.2 附着式升降作业安全防护平台

4.2.1 防坠落装置的制动构件不应采用铸铁制造,应采用碳素铸钢制造,其性能应符合现行国家标准《一般工程用铸碳钢》GB/T 11352 的规定,材料性能不应低于 ZG 200—400 的要求。

4.2.2 当室外温度大于或等于−20 ℃时,宜采用 Q235 钢和 Q355 钢。承重桁架或承受冲击荷载作用的结构,应具有 0 ℃冲击韧性的合格保证。当冬季室外温度低于−20 ℃时,应具有−20 ℃冲击韧性的合格保证。

4.2.3 平台结构的连接材料应符合下列规定:

1 手工焊所采用的焊条应符合现行国家标准《碳钢焊条》GB/T 5117 或《低合金钢焊条》GB/T 5118 的规定,焊条型号应与结构主体金属力学性能相适应,对于承受动力荷载或振动荷载的桁架结构宜采用低氢型焊条。

2 自动焊接或半自动焊接采用的焊丝和焊机应与结构主体金属力学性能相适应,并应符合国家现行相关标准的规定。

3 普通螺栓应符合现行国家标准《六角头螺栓 C 级》GB/T 5780 和《六角头螺栓》GB/T 5782 的规定。

4 锚栓应采用现行国家标准《碳素结构钢》GB/T 700 中规定的 Q235 钢或《低合金高强度结构钢》GB/T 1591 中规定的 Q345 钢。

4.2.4 脚手板宜采用钢制脚手板,且应符合下列规定:

1 冲压钢板和钢板网脚手板,其材质应符合现行国家标准《碳素结构钢》GB/T 700 中规定的 Q235 钢或《低合金高强度结构钢》GB/T 1591 中规定的 Q345 钢。

2 脚手板应有产品质量合格证。

3 板面挠曲不应大于 12 mm 且任一角翘起不得大于 5 mm,不应有裂纹、开焊、硬弯等现象,脚手板宜采用镀锌作防锈处理。

4 钢板网脚手板的网孔内切圆直径不应大于 25 mm。

4.2.5 外侧围护网宜采用冲孔镀锌钢板网或镀锌铁丝编织网制作,且应符合下列规定:

1 冲压钢板网冲孔直径不应大于 10 mm,孔净距不应小于 5 mm,钢板厚度不应小于 0.7 mm。

2 镀锌铁丝网丝径不应小于 1.6 mm,网孔尺寸不应大于 10 mm×10 mm。

4.3 筒架

4.3.1 用于加工制作筒架架体的原材料应有质量证明或合格证。

4.3.2 筒架采用钢管扣件等脚手架材料搭设时,其材料应符合国家现行相关标准的规定。

4.4 防护架

4.4.1 用于加工制作防护架架体的原材料应有质量证明或合格证。

4.4.2 外购定型产品应有制造厂家的合格证明文件。

4.5 自升式平台

4.5.1 自升式平台产品应符合现行国家标准《升降工作平台导架爬升式工作平台》GB/T 27547 等的规定,并应有完整的图纸资料和工艺文件。

4.5.2 自升式平台构配件的制作应符合下列规定:

1 具有完整的设计图纸、工艺文件、质量检验标准,生产单位应具有完善有效的质量保证体系。

2 制作构配件的原材料和辅料的材质及性能应符合设计要求。

3 加工构配件的工装、设备及工具应能满足构配件制作精度的要求。

4 构配件应按工艺要求及检验标准进行抽样检验,对附着支座、防倾覆装置、防坠落装置等关键部件应进行 100% 检验;构配件出厂时,应有合格证。

4.6 高处作业吊篮

4.6.1 高处作业吊篮产品应符合现行国家标准《高处作业吊篮》GB 19155 的规定,并应具有完整的图纸资料和工艺文件。

4.6.2 高处作业吊篮的生产单位应具备必要的机械加工设备、技术力量及提升机、安全锁、电器柜和吊篮整机的检验能力。

4.6.3 与吊篮产品配套的钢丝绳、索具、电缆、安全绳等均应符合现行国家标准《一般用途钢丝绳》GB/T 20118、《重要用途钢丝绳》GB 8918、《钢丝绳用普通套环》GB/T 5974.1、《压铸锌合金》GB/T 13818、《钢丝绳夹》GB/T 5976 的规定。

4.6.4 高处作业吊篮用的提升机、安全锁应有独立标牌,并应标明产品型号、技术参数、出厂编号、出厂日期、标定期、制造单位。

4.6.5 高处作业吊篮应附有产品合格证和使用说明书,应详细描述安装方法、作业注意事项。

4.6.6 高处作业吊篮连接件和紧固件应符合下列规定:

1 当结构件采用螺栓连接时,螺栓应符合产品说明书的要求;当采用高强度螺栓连接时,其连接表面应清除灰尘、油漆、油迹和锈蚀,应使用力矩扳手或专用工具,并应按设计、装配技术要求拧紧。

2 当结构件采用销轴连接方式时,应使用生产厂家提供的产品。销轴规格必须符合原设计要求。销轴必须有防止脱落的锁定装置。

4.6.7 吊篮产品的研发、重大技术改进改型应提出设计方案,并提供图纸、计算书、工艺文件;提供样机应由法定检验检测机构进行型式检验;产品投产前应进行产品鉴定或验收。

5 荷载与组合

5.1 荷载的分类及标准值

5.1.1 作用于升降脚手架及防护架的荷载应分为永久荷载与可变荷载。

5.1.2 永久荷载应包括下列项目：

    1 架体结构件自重，包括立杆、水平杆、剪刀撑等主要构件的自重。

    2 构配件自重，包括脚手板、栏杆、挡脚板、安全网、扣件、螺栓等附件的自重。

    3 升降机构、升降设备等的自重。

    4 其他可按永久荷载计算的荷载。

5.1.3 可变荷载应包括下列项目：

    1 施工荷载，包括施工人员、施工人员手持的小型工具。

    2 风荷载。

    3 其他可变荷载。

5.1.4 永久荷载标准值的取值应符合下列规定：

    1 材料和构配件可按现行国家标准《建筑结构荷载规范》GB 50009 规定的自重值取为荷载标准值。

    2 工具和机械设备等产品可按通用的理论重量及相关标准的规定取其荷载标准值。

    3 可采取有代表性的抽样实测，进行数理统计分析，将实测平均值加上 2 倍的均方差作为其荷载标准值。

5.1.5 可变荷载标准值的取值应符合下列规定：

    1 升降脚手架作业层上的施工荷载标准值应根据实际情况

确定,且不应低于表 5.1.5-1 的规定。

表 5.1.5-1 施工荷载标准值

序号	用途	施工荷载标准值(kN/m²)
1	砌筑作业	3
2	其他主体结构工程作业	2
3	装饰装修作业	2
4	防护作业	1

注:1. 升降作业时,施工人员、材料、机具全部撤离,施工荷载标准值应按 0.5 kN/m² 计取。

2. 斜梯施工荷载标准值按其水平投影面积计算,取值不应低于 2.0 kN/m²。

2 当升降脚手架上存在 2 个及以上作业层同时作业时,在同一跨距内各操作层的施工荷载标准值总和不得超过 4.0 kN/m²。

3 升降脚手架上的振动、冲击物体应按其自重乘以动力系数后取值计入可变荷载标准值,动力系数可取 1.35。

4 风荷载的标准值应根据现行国家标准《建筑结构荷载规范》GB 50009 的规定,按下式计算:

$$w_k = \mu_z \cdot \mu_s \cdot w_0 \qquad (5.1.5)$$

式中:w_k——风荷载标准值(kN/m²);

μ_z——风压高度变化系数,应按现行国家标准《建筑结构荷载规范》GB 50009 的规定取值;

μ_s——风荷载体型系数,应按表 5.1.5-2 的规定取用;

w_0——基本风压值(kN/m²),应按现行国家标准《建筑结构荷载规范》GB 50009 的规定,取重现期 $n=10$ 对应的风压值。

表 5.1.5-2　附着式升降作业安全防护平台风荷载体型系数

背靠建筑物状况	全封闭	敞开、框架和开洞墙
μ_s	1.0ϕ	1.3ϕ

注:1.　ϕ 为挡风系数,$\phi=1.2\dfrac{A_n}{A_w}$。其中,A_n 为附着式升降作业安全防护平台迎风面挡风面积(m^2),A_w 为附着式升降作业安全防护平台迎风面面积(m^2)。

2.　当采用密目安全网时,取 $\phi=0.8$。

5.1.6　高耸塔式结构、悬臂结构等特殊结构的脚手架,在风荷载标准值计算时,应计入风振系数。

5.2　附着式升降作业安全防护平台

5.2.1　当计算结构或构件的强度、稳定性及连接强度时,应采用荷载设计值(即荷载标准值乘以荷载分项系数);计算变形时,应采用荷载标准值。荷载分项系数应按表 5.2.1 的规定选用。

表 5.2.1　荷载分项系数

计算内容		荷载分项系数	
		永久荷载(γ_G)	可变荷载(γ_Q)
构件、结构强度、连接强度、稳定承载力		1.3	1.5
构件、结构变形		1.0	1.0
整体稳定	有利	0.9	0
	不利	1.3	1.5

5.2.2　索具、吊具计算时,应采用容许应力法,且应采用荷载标准值作为计算依据。

5.2.3　附着式升降作业安全防护平台应按最不利荷载组合进行计算,荷载效应组合按表 5.2.3 的规定选用,荷载效应组合设计值应按式(5.2.3-1)、式(5.2.3-2)计算:

表 5.2.3 荷载效应组合

计算项目	荷载效应组合
纵、横向水平杆,水平支承桁架,使用过程中的固定吊拉杆和竖向主框架,附墙支座、防倾及防坠落装置	永久荷载+施工荷载
竖向主框架、脚手架立杆稳定性	① 永久荷载+施工荷载; ② 永久荷载+0.9(施工荷载+风荷载) 取两种组合,按最不利的计算
选择升降动力设备时,选择钢丝绳及吊索具时,横吊梁及其吊拉杆计算	永久荷载+升降过程的活荷载
连墙杆及连墙件	风荷载+5 kN

不考虑风荷载时,荷载效应组合设计值应为

$$S = \gamma_G S_{GK} + \gamma_Q S_{QK} \tag{5.2.3-1}$$

考虑风荷载时,荷载效应组合设计值应为

$$S = \gamma_G S_{GK} + 0.9(\gamma_Q S_{QK} + \gamma_{Qw} S_{Wk}) \tag{5.2.3-2}$$

式中:S——荷载效应组合设计值(kN);

γ_G——恒荷载分项系数,应取 1.3;

γ_Q——活荷载分项系数,应取 1.5;

γ_{Qw}——风荷载分项系数,应取 1.5;

S_{GK}——恒荷载效应的标准值(kN);

S_{QK}——活荷载效应的标准值(kN);

S_{Wk}——风荷载效应的标准值(kN)。

5.2.4 水平支承桁架应选用使用工况中的最大跨度进行计算,架体构架立杆稳定设计荷载应乘以附加安全系数 γ_1,γ_1 应取 1.43。

5.2.5 升降动力设备、吊具、索具的设计荷载值应乘以附加荷载不均匀系数 γ_2。使用工况下,γ_2 应取 1.3;升降、坠落工况下,γ_2 应取 2.0。

5.2.6 附墙支座、吊拉杆应按使用工况下的最大荷载进行计算，其设计荷载组合值应乘以冲击系数 γ_3，γ_3 应取 2.0。

5.3 筒 架

5.3.1 筒架设计应根据正常安装和使用过程中可能同时出现的荷载，按承载能力极限状态和正常使用极限状态分别进行荷载组合，并应取各自最不利的荷载组合进行设计。

5.3.2 设计筒架架体的承重构件时，应根据使用过程中可能出现的荷载取最不利组合进行计算，荷载效应组合按表 5.3.2 选用。

表 5.3.2 荷载效应组合

计算项目	荷载效应组合
架体杆件强度及稳定性	1.3×永久荷载＋1.5×施工荷载
架体杆件变形	永久荷载＋施工荷载

5.4 防 护 架

5.4.1 防护架的施工荷载不应大于 1.4 kN/m^2，包括作业层（只限一层）上的作业人员、随身工具的重量。

5.4.2 架体外侧可采用密目式安全立网或金属防护网等，且应可靠固定在架体上。金属防护网应能承受 1.0 kN 的偶然水平荷载。

5.4.3 防护架结构、构件和连接的承载力，应按以概率理论为基础的极限状态设计法的要求，采用分项系数设计表达式进行计算。计算采用荷载设计值，其值为荷载标准值乘以相应的荷载分项系数。永久荷载的分项系数为 1.3；可变荷载的分项系数为 1.5；风荷载的组合系数为 0.6。荷载效应组合可按表 5.4.3 的规定采用。

表 5.4.3 荷载效应组合

计算项目	荷载效应组合
架体构架纵、横向构件的强度和连接	1.3×永久荷载＋1.5×施工荷载
架体构架纵、横向构件的变形	永久荷载＋施工荷载
架体构架立杆、竖向桁架 （或导轨）和附着支承	1.3×永久荷载＋1.5×施工荷载
	1.3×永久荷载＋1.5×(施工荷载＋0.6×风荷载)

5.4.4 防护架结构、构件的变形,应采用荷载标准值进行验算。

5.4.5 防护架提升使用的钢丝绳、索具、吊具等,应按照容许应力法计算,采用荷载标准值。

5.5 自升式平台

5.5.1 作用于自升式平台的荷载可分为永久荷载和可变荷载。

5.5.2 永久荷载标准值应根据生产厂家使用说明书提供的数据选取。

5.5.3 施工荷载标准值应按施工工况取值,且不应小于 1 kN/m^2。

5.5.4 自升式平台荷载取值、组合要求应按现行国家标准《升降工作平台导架爬升式工作平台》GB/T 27545 执行。

5.6 高处作业吊篮

5.6.1 作用于高处作业吊篮的荷载可分为永久荷载和可变荷载。

5.6.2 永久荷载应包括下列内容:

1 悬挂机构。

2 吊篮(含提升机和电缆)。

3 钢丝绳。

4 配重块。

5.6.3 可变荷载应包括下列内容：

1 施工荷载,包括操作人员、施工工具、施工材料等。

2 风荷载。

5.6.4 永久荷载标准值应根据生产厂家使用说明书提供的数据选取。

5.6.5 施工活荷载标准值宜按均布荷载考虑,应取 1 kN/m²。

5.6.6 吊篮的风荷载标准值应按下式计算：

$$Q_{wk} = w_k \cdot F \qquad (5.6.6)$$

式中：Q_{wk}——吊篮的风荷载标准值(kN)；

w_k——风荷载标准值(kN/m²)；

F——吊篮受风面积(m²)。

5.6.7 吊篮在结构设计时,应考虑风荷载的影响；在工作状态下,能承受的基本风压值应不低于 500 N/m²；在非工作状态下,当吊篮安装高度不大于 60 m 时,能承受的基本风压值应不低于 1 915 N/m²,每增高 30 m,基本风压值应增加 165 N/m²；吊篮的固定装置结构设计风压值应按基本风压值的 1.5 倍计算。

6 设计计算

6.1 一般规定

6.1.1 升降脚手架及防护架的设计应符合现行国家标准《钢结构设计规范》GB 50017、《冷弯薄壁型钢结构技术规范》GB 50018、《混凝土结构设计规范》GB 50010 以及其他相关标准的规定。

6.1.2 各产品应按照现行国家或行业产品标准进行设计计算。

6.2 附着式升降作业安全防护平台

6.2.1 附着式升降作业安全防护平台应按正常搭设和正常使用条件进行设计,可不计入短暂作用、偶然作用、地震荷载作用。

6.2.2 附着式升降作业安全防护平台架体结构、附着支承结构、防倾装置、防坠装置的承载能力应按概率极限状态设计法的要求采用分项系数设计表达式进行设计,并应进行下列设计计算:

 1 水平支承桁架构件的强度和压杆的稳定计算。

 2 竖向主框架构件强度和压杆的稳定计算。

 3 脚手架架体构架构件的强度和压杆稳定计算。

 4 附着支承结构构件的强度和压杆稳定计算。

 5 附着支承结构穿墙螺栓以及螺栓孔处混凝土局部承压计算。

 6 连接节点计算。

6.2.3 附着式升降作业安全防护平台的竖向主框架、水平支承桁架,架体构架应根据正常使用极限状态的要求验算变形。

6.2.4 穿墙螺栓孔处混凝土受压状况如图 6.2.4，其承载能力应符合下式要求：

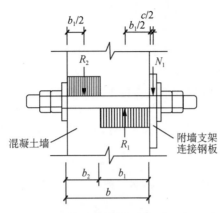

图 6.2.4 穿墙螺栓处混凝土受压状况图

$$N_v \leqslant 1.35\beta_b\beta_1 f_c bd \qquad (6.2.4)$$

式中：N_v——一个螺栓所承受的剪力设计值（N）；

β_b——螺栓孔混凝土受荷计算系数，取 0.39；

β_1——混凝土局部承压强度提高系数，取 1.73；

f_c——上升时混凝土龄期试块轴心抗压强度设计值（N/mm^2）；

b——混凝土外墙厚度（mm）；

d——穿墙螺栓直径（mm）。

6.2.5 附着式升降作业安全防护平台出现非标准构件时，应进行专项设计。

6.3 筒 架

6.3.1 筒架应按概率极限状态设计法的要求采用分项系数设计表达式进行设计，并应进行下列设计计算：

1 立杆构件强度和压杆的稳定计算。

2 水平杆构件的强度和压杆稳定计算。

3 连墙件的强度和压杆稳定计算。

4 附着支承结构强度计算。

5 穿墙螺杆及螺栓孔处主体结构局部承压计算。

6 连接节点计算。

6.3.2 主体结构局部承压应按下式计算：

$$F_1 \leqslant 1.35\beta_c\beta_1 f_c A_{ln} \qquad (6.3.2)$$

式中：F_1——局部受压面上作用的局部荷载或局部压力设计值(N)；

β_c——混凝土强度影响系数；

β_1——混凝土局部受压时强度提高系数，$\beta_1 = \sqrt{\dfrac{A_b}{A_1}}$；

A_b——局部受压计算底面积(mm^2)；

A_1——混凝土局部受压面积(mm^2)；

A_{ln}——混凝土局部受压净面积(mm^2)。

6.4 防护架

6.4.1 防护架的设计计算应包括下列内容：

1 竖向桁架（或导轨）的强度、稳定性、刚度和连接。

2 架体构架立杆的强度、刚度和连接。

3 架体构架水平杆或作业平台的抗弯强度、变形和连接。

4 附着支承、连墙件的强度、稳定性和连接。

5 附着支承处结构的强度。

6 提升用钢丝绳、索具、吊具的强度。

7 动力设备提升能力。

8 动力设备支承处的强度计算。

6.4.2 起升动力设备的额定提升能力不应小于单片架体重量的 1.2 倍。

6.4.3 自备动力设备顶升处应按照单根竖向桁架（或导轨）所受单片架体重量的设计值计算，并乘以荷载不均匀系数 1.5。

6.4.4 当架体构架采用钢管扣件等脚手架产品搭设时，其连接计算应符合国家现行相关标准的规定。

6.5 自升式平台

6.5.1 钢结构及铝合金结构自升式平台设计应按现行国家标准《升降工作平台导架爬升式工作平台》GB/T 27547 中附录 A 的规定计算。

6.5.2 附墙架计算应符合下列规定：

1 附墙架与建筑物连接方式见图 6.5.2-1。

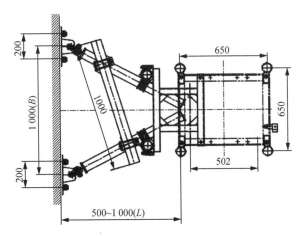

图 6.5.2-1 附墙架与建筑物连接示意图(mm)

2 作用在墙上最大的拉/压力 P 按下式进行计算：

$$P = \left(\frac{L}{B} + 0.5\right) \times 11.5 \times R_1 \times R_2 \times R_3 \quad (6.5.2\text{-}1)$$

式中：　　　　　P——作用在墙上最大的拉/压力值(kN)；

　　　　　　　　L——标准节中心至墙面的距离(mm)；

　　　　　　　　B——附墙预埋件中心距离(mm)；

　R_1，R_2，R_3——参数。

3 作用在墙上的最大剪力 F 按下式进行计算：

$$F = 11.5 \times R_1 \times R_2 \times R_3 \quad (6.5.2\text{-}2)$$

式中：　　　　　F——作用在墙上的最大剪力(kN)；

　R_1，R_2，R_3——参数。

4 参数 R_1 根据导轨架的悬臂高度按照图 6.5.2-2 选取，R_2 根据附墙架的安装间距与悬臂高度按照图 6.5.2-3 选取，R_3 根据工作风压(表 6.5.2)按照图 6.5.2-4 选取。$R_1 \times R_2 \times R_3$ 最低不小于 0.5。

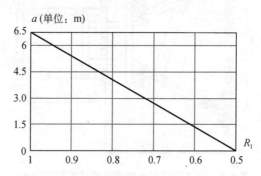

图 6.5.2-2 参数 R_1 与导轨架的悬臂高度 a 关系图

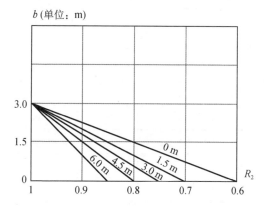

图 6.5.2-3　参数 R_2 与附墙架间距 b、悬臂高度 a 关系图

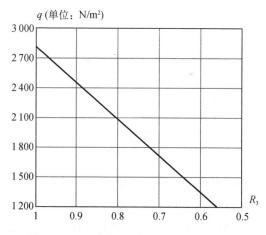

图 6.5.2-4　参数 R_3 与工作风压 q 关系图

表 6.5.2　工作风压与架设高度关系表

高度 h(m)	风压 q(N/m^2)
$0 \leqslant h < 10$	1 200
$10 \leqslant h < 30$	1 200
$30 \leqslant h < 50$	1 900
$50 \leqslant h < 100$	2 400
$100 \leqslant h < 150$	3 000
$150 \leqslant h < 200$	3 400
$200 \leqslant h < 250$	3 700
$250 \leqslant h < 300$	4 000
$h \geqslant 300$	4 300

6.5.3 基础所能承受的最小荷载计算方法应符合下列规定：

1 当安装高度小于 50 m 时，无需制作基础，并可使用简易底盘。

2 当安装高度不小于 50 m 时，需制作基础，并必须使用连接基础底盘。

3 基础承载 P 应按下式计算：

$$P = \frac{G \times n \times g}{1\ 000} \qquad (6.5.3)$$

式中：P——基础承载力最小值(kN)；

G——自重(kg)，包括平台节重、标准节重、主机重、底盘重、平台围栏重、顶棚、最大延伸重、载重量等；

n——系数，考虑动载、自重误差及风载对基础的影响取 $n=2$；

g——重力加速度。

6.6 高处作业吊篮

6.6.1 吊篮动力钢丝绳强度应按容许应力法进行核算,计算荷载应采用标准值,安全系数 K 应取 9。

6.6.2 高处作业吊篮通过悬挂机构支撑在建筑物上,应对支撑点的结构强度进行核算。

6.6.3 当支承悬挂机构前后支撑点的结构的强度不能满足使用要求时,应加设垫板放大受荷面积或在下层采取支顶措施。

6.6.4 固定式悬挂支架(指后支架拉结型)拉结点处的结构应能承受设计拉力;当采用锚固钢筋作为传力结构时,其钢筋直径应大于 16 mm;在混凝土中的锚固长度应符合该结构混凝土强度等级的要求。

6.6.5 悬挂吊篮的支架支撑点处结构的承载能力,应大于所选择吊篮各工况的荷载最大值。

6.6.6 当使用非标吊篮时,应按照国家现行有关标准进行专项设计。

7 构造要求

7.1 一般规定

7.1.1 升降脚手架应安全可靠,适应工程结构特点,且满足支承与防倾要求。

7.1.2 架体底部应采用桁架结构。

7.1.3 升降点位置应有竖向主框架,且桁架与竖向主框架之间应有可靠连接。

7.1.4 在建工程用于建筑临边站立点以上防护栏杆的高度不应小于1.2 m。

7.2 附着式升降作业安全防护平台

7.2.1 附着式升降作业安全防护平台应由竖向主框架、水平支承桁架、架体构架、附着支承结构、防倾装置、防坠装置、升降设备、同步控制系统等组成。

7.2.2 附着式升降作业安全防护平台的架体结构应由若干个单元产品组成,分为普通型和装配型。每个单元产品结构应由竖向主框架、水平支承桁架及架体构架组成空间几何不变体系的稳定结构,承担架体上的所有荷载,并带动架体上升和下降。

7.2.3 普通型架体结构应由竖向主框架、水平支承桁架及脚手架架体构架搭设而成,如图7.2.3所示。

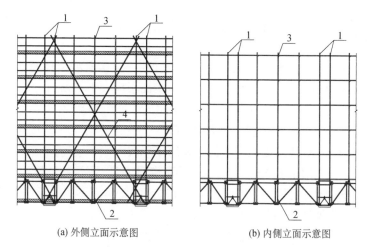

(a) 外侧立面示意图　　　　　　　(b) 内侧立面示意图

1—竖向主框架；2—水平支承桁架；3—架体构架；4—剪刀撑

图 7.2.3　普通型架体结构立面示意图

7.2.4 装配型架体结构应由竖向主框架、水平支承桁架及定型化架体构架搭设而成,如图 7.2.4 所示。

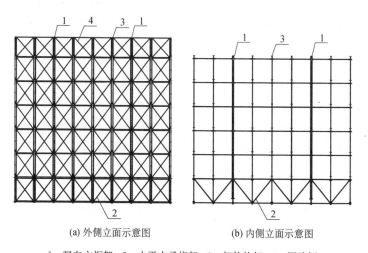

(a) 外侧立面示意图　　　　　　　(b) 内侧立面示意图

1—竖向主框架；2—水平支承桁架；3—架体构架；4—网片框

图 7.2.4　装配型架体结构立面示意图

7.2.5 附着式升降作业安全防护平台结构构造的尺寸应符合下列规定：

1 架体高度不应大于 4.5 倍建筑层高，普通型架体每步步高不应大于 1.8 m，装配型架体每步步高不应大于 2 m。

2 架体宽度不应小于 0.7 m，不应大于 1.2 m。

3 架体跨度应满足设计参数，且直线布置的架体跨度不应大于 7 m，折线或曲线布置的架体跨度不应大于 5.4 m。

4 悬挑长度不宜大于 1/2 相邻跨架体跨度，且不应大于 2 m。

5 架体悬臂高度不应大于架体高度的 2/5，且不应大于 6 m。

6 架体全高与支承跨度的乘积不应大于 110 m^2。

7 架体结构构造的尺寸不应大于产品设计尺寸。

7.2.6 附着式升降作业安全防护平台应在附着支承结构部位设置与架体高度相等且与墙面垂直的定型竖向主框架，竖向主框架应是桁架或刚架结构，其杆件连接的节点应采用焊接或螺栓连接，并应与水平支承桁架和架体构架构成足够强度和支撑刚度的空间几何不可变体系的稳定结构。其构造应符合下列规定：

1 竖向主框架宜采用分段对接式桁架或门型刚架结构。各杆件的轴线应汇交于节点处，如不汇交于节点，应进行附加弯矩验算。

2 当升降采用中心吊点时，在悬臂梁行程范围内竖向主框架内侧水平杆去掉部分的断面，应采取可靠的加固措施。

7.2.7 在竖向主框架的底部应设置平行于墙面的水平支承桁架，其宽度应与主框架相同，其高度不应小于 1.8 m。水平支承桁架结构构造应符合下列规定：

1 桁架各杆件的轴线应汇交于节点上，并宜采用节点板构造连接，节点板的厚度不应小于 6 mm。

2 桁架上下弦应采用整根通长杆件或设置刚性接头，腹杆上下弦连接应采用焊接或螺栓连接。

3 桁架与主框架连接处的斜腹杆宜设计成拉杆。

4 架体构架的立杆底端应设置在上弦节点各轴线的汇

交处。

5 内外两片水平桁架的上弦和下弦之间应设置横向水平杆和斜杆,各节点应采用焊接或螺栓连接。

7.2.8 附着式升降作业安全防护平台的架体结构为装配型,且外防护网片带边框及斜撑杆时,网片可代替外排水平支承桁架,且网片尺寸不应大于 2 m×2 m,网片应与立杆采用螺栓连接,螺栓与网片角部节点距离不应大于 200 mm。

7.2.9 竖向主框架内侧应设置导轨,其构造应符合下列规定:

1 导轨应有上下通长的滑动构造。

2 导轨与主框架连接时,应采用焊接或螺栓连接。

3 导轨代替主框架内立杆时,导轨之间接长应设置刚性连接。

7.2.10 附墙支座的设置构造应符合下列规定:

1 竖向主框架所覆盖的每个楼层处应设置一道具有防倾功能的附着支承结构。

2 在使用工况时,应将竖向主框架固定在附墙支座上。

3 具有防倾、导向功能的附墙支座处混凝土强度不应小于C15;具有升降及防坠功能的附墙支座处混凝土强度应按设计要求确定,且不应小于 C20。

4 防坠装置与提升受力装置的附墙支座应分开设置,不应作用在同一个附墙支座上。

5 附墙支座应采用锚固螺栓,螺栓数量不应小于 2 个,受拉螺栓的螺母不应少于 2 个或应采用弹簧垫圈加单螺母,螺杆露出螺母端部的长度不应少于 3 扣,且不应小于 10 mm,垫板尺寸应由设计确定,且不应小于 100 mm×100 mm×10 mm。

7.2.11 附着式升降作业安全防护平台水平支承桁架不能连续设置时,局部宜采用脚手架杆件进行连接,但长度不应大于2.0 m,并应采取加强措施,确保其强度和刚度不低于原有桁架。

7.2.12 物料平台与附着式升降作业安全防护平台不应有任何

连接,其荷载应直接传递给建筑工程结构。

7.2.13 当附着式升降作业安全防护平台的架体结构遇到塔吊、施工升降机、物料平台等需要断开或开洞时,断开处应有可靠的封闭,防止人员及物料坠落。

7.2.14 架体结构应在以下部位采取可靠的加强构造措施:

1 与附墙支座的连接处。

2 架体上提升机构的设置处。

3 架体平面的转角处。

4 架体断开或开洞处。

5 其他有加强要求的部位。

7.2.15 附着式升降作业安全防护平台的安全防护措施应符合下列规定:

1 架体外侧宜采用冲孔钢板或镀锌铁丝网全封闭,且应可靠地固定在架体上,不得采用可燃性材料。

2 升降脚手架每一步应满铺脚手板,最底部脚手板应全封闭。在架体底部和结构作业层底部应设置防护隔离,宜采用可翻转的密封翻板。

3 作业层外侧应采用不可燃材料设置 1.2 m 高的防护栏杆和 180 mm 高的挡脚板。

4 脚手板和楼层面竖向间距大于 2 m 时,在架体内侧应设置 1.2 m 高的防护栏杆。

7.2.16 附着式升降作业安全防护平台的架体结构为普通型时,两主框架之间的架体搭设宜采用扣件式钢管脚手架,其结构构造应符合现行行业标准《建筑施工扣件式钢管脚手架安全技术规范》JGJ 130 的规定。

7.3 筒 架

7.3.1 电梯井筒架应由底梁、活动翻转搁脚、支撑轮、隔离板、标准节和顶帽组成。

7.3.2 架体顶部的顶帽应由型钢圈梁制作而成,宜全封闭,可设置吊臂或吊环,如图 7.3.2 所示。

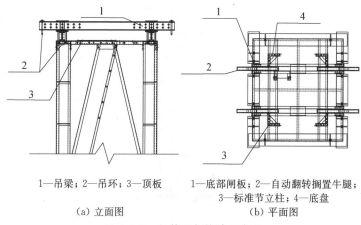

1—吊梁;2—吊环;3—顶板   1—底部闸板;2—自动翻转搁置牛腿;
                                       3—标准节立柱;4—底盘

（a）立面图   （b）平面图

图 7.3.2 架体顶部构造示意图

7.3.3 架体应由定型化的标准节采用螺栓连接而成。每节标准节水平杆件位置应铺设钢脚手板。标准节应为刚架或桁架形式的空间几何不可变体系。

7.3.4 筒架底部和施工层底部应全封闭,防止架体上物料、垃圾等坠落。

7.3.5 筒架承力于结构上的构件应采用可自动就位的活动翻转搁脚,如图 7.3.5 所示。

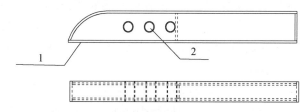

1—自动翻转搁置牛腿;2—销轴

图 7.3.5   自动翻转搁置牛腿示意图

— 33 —

7.3.6 筒架架体结构构造应如图7.3.6所示。

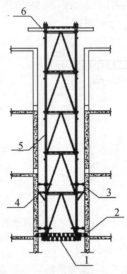

1—底梁；2—活动翻转搁脚；3—支撑轮；
4—隔离板；5—标准节；6—顶帽

图7.3.6　筒架架体结构立面示意图

7.3.7 筒架构造尺寸应符合下列规定：

1 高度不应大于3.5倍建筑层高,且不应大于自身的最大设计高度。

2 每节标准节高度不应大于2 m。

3 标准节立杆间距不应大于2 m。

4 架体不应悬挑,底部应设置可靠的底梁,标准节立杆应设置在底梁上。

7.3.8 活动翻转搁脚应搁置在结构预留孔内,每处搁置长度不应小于100 mm。

7.3.9 升降时,筒架与结构应有防止偏斜、倾覆的可靠装置,垂直高度方向不应少于2处,且间距不应小于2.8 m。使用时,与结构应有可靠刚性连接。

7.4 防护架

7.4.1 防护架由竖向桁架（或导轨）、架体构架、附着支承、连墙件和立面防护网等组成，可分为无轨起升式[图7.4.1(a)]和导轨起升式两种。其中，导轨起升式包括桁架导轨起升式[图7.4.1(b)]和型钢导轨起升式[图7.4.1(c)]两类。

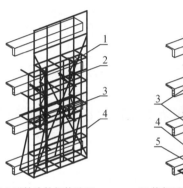

(a) 无轨防护架构造图　(b) 桁架导轨防护架构造图

1—无轨式竖向桁架；2—连墙件；3—三角臂；4—架体构架；5—导轨式竖向桁架

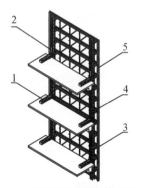

(c) 型钢导轨防护架构造图

1—附着支承；2—提升系统；3—导轨；4—水平支承梁；5—外防护板

图7.4.1　防护架构造示意图

7.4.2 防护架仅作为建筑结构施工的操作平台和外防护使用，施工堆载不得大于产品设计限载值。

7.4.3 防护架应以 2 榀竖向桁架组成单片结构，每片独立安装和固定。使用时，相邻单片之间应临时连接，但各片独立提升。

7.4.4 防护架应符合下列规定：

1 竖向桁架应沿架体高度通长布置，不得间断。

2 竖向桁架应为焊接或螺栓连接的定型构件，不应采用钢管扣件等临时组合。

3 当导轨有足够刚度，能够满足承载力和变形要求时，可以兼作竖向桁架。

4 作业平台可采用架体构架形式或在竖向桁架之间直接搭设。作业平台自身应承受施工荷载。

5 当作业平台采用架体构架搭设时，应采用双排脚手架形式并与竖向桁架连接。

6 当竖向桁架间采用横梁连接时，横梁最大间距不应大于 2 m。

7 架体的高度不应大于 13.5 m。

8 架体长度不应大于 6 m。

9 架体的宽度不应大于 0.8 m。

10 单片架体竖向桁架的间距应在架体长度的 40%～60% 范围内，且宜对称布置。

11 架体构架的步距不应大于 2 m。

12 单片架体伸出竖向桁架的悬挑长度不应大于 1.8 m。

7.4.5 当作业平台采用脚手架材料搭设时，作业平台处的纵向水平杆应满足承载力要求。

7.4.6 防护架各构件之间应采用螺栓或扣件等可靠连接。

7.4.7 附着支承应符合下列规定：

1 防护架的竖向桁架（或导轨）所覆盖的每个已建楼层处应设置附着支承或连墙件，竖向桁架（或导轨）上附着支承的数量不应少于 2 个，其余楼层可设置连墙件。

2 附着支承应能够承受竖向桁架(或导轨)的荷载,并防止架体外倾或侧移。导轨防护架的附着支承应具有防倾和导向功能。

3 使用工况下,竖向桁架或导轨应固定于附着支承上。

4 当采用螺栓固定附着支承时,应采用双螺栓。螺栓外露长度不应少于 3 倍螺距,且不得小于 10 mm。垫板尺寸应由设计确定,且不得小于 100 mm×100 mm×10 mm;当采用预埋件连接时,预埋件应与结构钢筋锚固可靠。

7.4.8 无轨防护架的三角臂在提升时应能旋离楼层,就位时应能旋回固定位置并锁定。

7.4.9 桁架导轨防护架的附着支承应准确定位,并与预埋件可靠固定。附着支承应能约束架体的倾斜。

7.4.10 单片架体外立面应沿全高设置剪刀撑,剪刀撑应与立杆或横向水平杆的伸出端扣牢。

7.4.11 单片架体外立面设有带网框的金属防护网时,网框和架体节点应紧固连接,经计算符合受力要求后,可兼作剪刀撑。

7.4.12 架体外立面应采用密目式安全网或金属防护网等进行防护。密目式安全网的网目密度不应低于 2 000 目/100 mm²;金属防护网的孔径不应大于 6 mm。

7.4.13 顶层作业层上防护立网的高度不应小于 1.8 m。

7.4.14 当防护架作业层外侧采用密目式安全网时,应设 1.2 m高的防护栏杆和 180 mm 高的挡脚板。

7.4.15 防护架最底层与建筑结构之间的空隙应采取全封闭措施。

7.4.16 使用状态下,防护架的悬臂高度不应大于架体高度的2/5;最上和最下的附着支承之间的间距,不应小于竖向桁架(或导轨)长度的 1/4,且不应小于 2.8 m。

7.4.17 当架体采用钢管扣件等脚手架材料搭设时,其构造应符合国家现行相关标准的规定。

7.4.18 当遇到塔吊、施工电梯、物料平台等需断开或开洞时,断开处应设置栏杆和封闭措施,开口处应有可靠的防止人员及物料坠落的措施。

7.4.19 施工升降机、卸料平台等不应与防护架连接。

7.5 自升式平台

7.5.1 自升式平台应由若干个单元产品组成,分为单导架型和双导架型。每个单元产品结构应由主平台、底盘及标准节等部件组成稳定结构,承担平台上的所有荷载,并带动平台上升和下降。

7.5.2 单导架型自升式平台应由一道标准节导架和主平台、底盘、底架等结构组成,如图7.5.2所示。

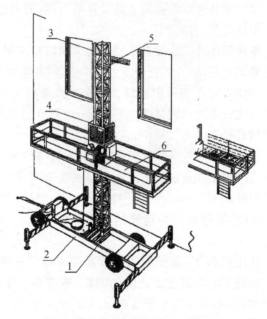

1—底架;2—底盘;3—导架;4—导轨;5—附墙架;6—主平台

图7.5.2 单导架型自升式平台示意图

7.5.3 双导架型自升式平台应由两道标准节导架和主平台、底盘、底架等结构组成,如图 7.5.3 所示。

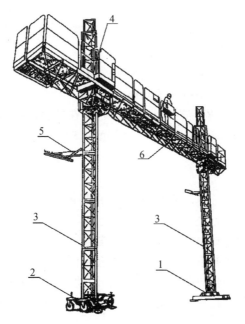

1—底架;2—底盘;3—导架;4—导轨;5—附墙架;6—主平台

图 7.5.3 双导架型自升式平台示意图

7.5.4 主机上应装有电机、电控箱、手刹装置、主机供电插座、机械调平装置、主机门、保护围栏等。

7.5.5 电缆接头应与主机供电插座联接,以保证建筑工地与升降平台之间的供电。

7.5.6 安装高度在 50 m 以下可选用简易底盘,此底盘无需制作基础。安装高度在 50 m 以上应用连接基础底盘,此底盘应与基础预埋件通过螺栓相连,使用此底盘需制作基础。

7.5.7 每个标准节高度宜为 1 508 mm,截面主立管中心距宜为 650 mm×650 mm,齿条模数宜为 8 mm。标准节之间应用

M24 螺栓相连组成导轨架,通过底盘与预埋基础座连接和通过附墙架与建筑物固定,作为平台上下运行的导轨。标准节宜采用热浸锌处理。

7.5.8 塔帽上应有机械结构防冲顶装置,安装在导轨架最上端,保证平台不会脱离导轨架安全运行。

7.5.9 电缆保护架应保证电缆在风力作用下仍固定在平台运行轨道上,安装间距不应大于 6 m。

7.5.10 吊杆应安装在平台主机顶上,在装、拆导轨架时用来起吊标准节或附墙架等零部件。吊杆配电动卷扬机,其额定载重量不应小于 200 kg。

7.6 高处作业吊篮

7.6.1 高处作业吊篮应由悬挂机构、吊篮平台、提升机构、防坠落机构、电气控制系统、钢丝绳和配套附件、连接件组成。

7.6.2 吊篮平台应能通过提升机构沿动力钢丝绳升降。

7.6.3 吊篮悬挂机构前后支架的间距,应能随建筑物外形变化进行调整。

8 安装、升降、使用和拆除

8.1 一般规定

8.1.1 升降脚手架及防护架在安装前,应制定专项施工方案和安全技术措施,并应绘制施工图指导施工,施工图应包括平面图、立面图、剖面图、主要节点图及其他必要的构造图。专项施工方案和安全技术措施必须经企业技术负责人审核批准后再组织实施。

8.1.2 升降脚手架及防护架安装、每次升降、拆除前均应根据专项施工组织设计要求,组织技术人员与操作人员进行技术、安全交底。

8.1.3 升降脚手架及防护架安装前应对各部件进行检查。对有可见裂纹的构件应进行修复或更换,对有严重锈蚀、严重磨损、整体或局部变形的构件必须进行更换,符合产品标准的有关规定后方能进行安装。

8.1.4 升降脚手架及防护架安装作业前,应对辅助起重设备和其他安装辅助用具的机械性能和安全性能进行检查,合格后方能投入作业。

8.1.5 有下列情况之一的升降脚手架及防护架不得安装使用:

1 属国家明令淘汰或禁止使用的。

2 超过由安全技术标准或制造厂家规定使用年限的。

3 经检验达不到安全技术标准规定的。

4 无完整安全技术档案的。

5 无齐全有效的安全保护装置的。

8.1.6 升降脚手架及防护架安装使用过程中使用的计量器具应

定期进行计量检定。

8.1.7 当超过设计风荷载时,应事先采取加固措施或其他应急措施,并撤离架体上所有活荷载。夜间不应进行升降作业。

8.1.8 升降脚手架及防护架安装、升降、拆除时,在操作区域及可能坠落范围,均应设置安全警戒。

8.1.9 操作人员应全过程遵守现行行业标准《建筑施工高处作业安全技术规范》JGJ 80 的有关规定。各工种操作人员应基本固定,并按规定持证上岗。

8.1.10 施工用电应符合现行行业标准《施工现场临时用电安全技术规范》JGJ 46 的有关规定。

8.1.11 在单项工程中使用的升降动力设备、同步及限载控制系统、防坠装置等设备应采用同一厂家、同一规格型号的产品,并应进行编号使用。

8.1.12 动力设备、控制设备和防坠装置等应有防雨、防尘等措施;对一些保护要求较高的电子设备,还应有防晒、防潮、防电磁干扰等方面的措施。

8.1.13 升降脚手架及防护架的控制中心应由专人操作,并应有安全防备措施,禁止闲杂人员入内。

8.1.14 升降脚手架及防护架在空中悬挂时间超过 30 个月或连续停用时间超过 10 个月时,应予以拆除。

8.1.15 装配式结构施工应用升降脚手架及防护架时应满足下列要求:

    1 当附着点设置在预制构件上时,应对预埋件或预留孔进行深化设计;构件进场时,应对预埋件或预留孔进行专项检查和验收。

    2 附着点受力前,该楼层的预制构件应完成灌浆,且强度不应小于 35 MPa。

    3 当附着点设置在现浇段内时,升降点位置的混凝土强度不应小于 C20,其余附墙点不应小于 C15。

8.2 附着式升降作业安全防护平台

Ⅰ 安 装

8.2.1 附着式升降作业安全防护平台应按专项施工方案进行安装。

8.2.2 在首层安装前应设置安装平台,安装平台应有保障施工人员安全的防护措施,安装平台的水平精度和承载能力应满足架体安装的要求,对应的地面位置应设置临时围护和警戒标志,并应有专人监护。

8.2.3 附着式升降作业安全防护平台安装时应符合下列规定:

1 相邻竖向主框架的高差不应大于 20 mm。

2 竖向主框架和防倾导向装置的垂直偏差不应大于 5‰,且不得大于 60 mm。

3 预留穿墙螺栓孔和预埋件应垂直于建筑结构外表面,其中心误差应小于 15 mm。

4 防倾连接处所需要的建筑结构混凝土强度应由计算确定,但不应小于 C15。

5 升降机构连接应正确且牢固可靠。

6 安全控制系统的设置和试运行效果应符合设计要求。

7 升降动力设备应工作正常。

Ⅱ 升 降

8.2.4 升降操作应符合下列规定:

1 应按升降作业程序和操作规程进行作业。

2 操作人员不得停留在架体上。

3 升降过程中不得有施工荷载。

4 所有妨碍升降的障碍物应已拆除。

5 所有影响升降作业的约束点应已拆除。

8.2.5 升降过程中应实行统一指挥、统一指令。升降指令应由总指挥一人下达;当有异常情况出现时,任何人均可立即发出停止指令。

8.2.6 附着式升降作业安全防护平台升降时,可采用手动、电动和液压三种升降形式,并应符合下列规定:

1 单片式附着升降脚手架的升降,可采用手动、电动和液压三种升降形式。

2 整体式附着升降脚手架的升降,应采用电动或液压设备。

3 第一次提升前施工单位应对升降脚手架进行调试与检验,经第三方检测机构检验合格后方可办理投入使用手续。

4 普通型架体结构采用扣件式钢管脚手架搭设的部分,应对扣件拧紧质量按 50%的比例抽检,合格率应达到 100%。

5 装配型架体结构采用螺栓连接时,应对螺栓连接进行全数检查。

6 检验时,应进行架体提升试验,检查升降动力设备是否正常运行。

7 检验时,应对电动系统进行用电安全性能测试。

8 检验时,应按总机位数 30%的比例进行超载与失载试验,检验同步及限载控制系统的可靠性。

9 检验时,应对防坠装置制动可靠性进行检验。

10 各相邻提升点间的高差不得大于 30 mm,整体架最大升降差不得大于 80 mm。

8.2.7 当采用环链葫芦作升降动力时,应严密监视其运行情况,及时排除翻链、绞链和其他影响正常运行的故障。

8.2.8 当采用液压设备作升降动力时,应排除液压系统的泄漏、失压、颤动、油缸爬行和不同步等问题和故障,确保正常工作。架体升降到位后,应及时按使用状况要求进行附着固定;在没有完成架体固定工作前,施工人员不得擅自离岗或下班。

Ⅲ 使 用

8.2.9 附着式升降作业安全防护平台应按设计性能指标进行使用,不得随意扩大使用范围;架体上的施工荷载应符合设计规定,不得超载,不得放置影响局部杆件安全的集中荷载。

8.2.10 架体内的建筑垃圾和杂物应及时清理干净。

8.2.11 附着式升降作业安全防护平台未经专门的设计与鉴定,在使用过程中不得进行下列作业:

1 利用架体吊运物料。

2 在架体上拉结吊装缆绳(或绳索)。

3 在架体上推车。

4 任意拆除结构件或松动连接件。

5 拆除或移动架体上的安全防护设施。

6 利用架体支撑模板或卸料平台。

7 其他影响架体安全的作业。

8.2.12 停用超过 3 个月时,应提前采取加固措施。

8.2.13 停用超过 1 个月或遇 6 级及以上大风后复工时,应进行检查,确认合格后方可使用。

8.2.14 螺栓连接件、升降设备、防倾装置、防坠落装置、电控设备、同步控制装置等应每月进行维护保养。

Ⅳ 拆 除

8.2.16 拆除工作应按专项施工方案及安全操作规程的有关要求进行。

8.2.17 拆卸作业前应对拆除作业人员进行安全技术交底。

8.2.18 拆卸作业时,应设置警戒区,严禁无关人员进入施工现场。施工现场应配备负责统一指挥的人员和专职监护的人员。作业人员应严格执行施工方案及有关安全技术规定。

8.2.19 拆除时应有可靠的防止人员或物料坠落的措施,拆除的材料及设备不得抛扔。按照先上后下的顺序拧松架体连接螺栓,松开后架体在重力所产生的侧向力作用下自然向外移,待架体停止摆动后,用塔吊将挂架吊运至地面拆解。

8.3 筒 架

Ⅰ 安 装

8.3.1 筒架安装应按专项施工方案进行施工。

8.3.2 筒架在核心筒结构上的就位、组装应在安装段混凝土浇筑完成、强度达到要求后进行。

8.3.3 安装前应检查在安装段钢筋混凝土墙体上的预留孔质量是否符合筒架提升施工要求,检查合格后脚手架拆至离安装段工作面以下 1 500 mm。

8.3.4 安装时,应先安装筒架,后吊装模板;待校正架体垂直度后,方可卸去吊绳。

8.3.5 附墙螺栓应按对称顺序固定。

8.3.6 安装质量应有专人负责检查,经技术、安全、质量部门验收合格。

8.3.7 筒架搁置牛腿楼面梁端与连梁端存有高差时,宜在楼面梁端上放置槽钢。同时,槽钢应有防坠落措施,宜将槽钢与结构上的硬拉结钢管、支撑等连接。

8.3.8 筒架固定螺栓不得采用硬撬、破坏架体等方法安装。

Ⅱ 升 降

8.3.9 提升筒架前,应检查与墙体、模板间连接点是否全部铲除完毕。

8.3.10 提升前,应清除每层操作平台上的堆物,随架体上升的活动荷载应有牢固的固定措施。拆下的穿墙螺栓应及时放入专用箱。

8.3.11 筒架升降时,模板穿墙螺栓受力处的混凝土强度应在 10 MPa 以上。

8.3.12 筒架提升时,应使架体均匀受力并使筒架脱离支撑牛腿 20 mm 以上。

8.3.13 提升过程中,架体沿墙体均匀提升,指挥人员应根据上升平衡情况,指挥吊点的提升速度,避免架体与模板发生钩挂现象,沿墙水平面倾斜度不得大于 5 cm。

8.3.14 筒架提升过程中,现场施工人员、安全员、监护人员应全部到岗到位,筒架上不得站人。

8.3.15 风力大于 5 级时,严禁进行提升作业,对已提升的架体应采取临时加固措施。

Ⅲ 使 用

8.3.16 筒架使用过程中,作为操作平台堆载时,应采用临时连接措施,将上口与模板、排架或相邻筒架相拉接,每个架体堆载不得超过设计荷载。

8.3.17 使用前,应检查手拉葫芦及上下钩的防脱保险、保险钢丝绳、起重链条、卸甲、筒架吊耳、模板吊耳是否完好、安全可靠,安装螺孔位置是否正确、可用。

Ⅳ 拆 除

8.3.18 拆除的安全技术措施应由工程负责人逐级进行技术交底。

8.3.19 地面应设围栏和划出工作区域,严禁一切非操作人员入内。

8.3.20 拆除顺序应逐层由上而下进行,严禁上下同时作业。

8.4 防护架

Ⅰ 安 装

8.4.1 附着支承位置误差不应大于 15 mm。

8.4.2 导轨防护架的导轨应竖直,其偏差不应大于 5‰,且不得大于 30 mm。

8.4.3 防护架附着支承安装时的混凝土龄期抗压强度应由计算确定,且不应小于 15 MPa。

8.4.4 当单片架体采用扣件钢管搭设时,每完成 2 步架后,应校正步距、纵距、横距及立杆的垂直度,确认合格后方可进行下道工序。

8.4.5 单片架体的纵向水平杆不得搭接。

8.4.6 相邻单片架体的间距不应大于 300 mm,单片架体之间应有可靠的防止人员及物料坠落的措施。

8.4.7 导轨防护架的防坠和防倾装置应经调试,合格后方可使用。

8.4.8 防护架应在显著位置挂设标牌,明确使用参数和使用要求。

Ⅱ 升 降

8.4.9 防护架提升前,应进行下列准备工作:

　　1 检查单片架体结构是否完好,构件和连接是否有缺失、损坏,脚手板等附件是否固定牢固,发现问题应立即整改。

　　2 导轨防护架应检查导轨是否发生明显变形、润滑是否良好,发现异常应立即整改。

　　3 无轨防护架应检查附着支承及连墙件处的固定是否易于解除,发现异常应立即处理。

4 清除架体上的所有杂物及影响提升的障碍物。

8.4.10 当采用外部动力设备提升单片架体时,应符合以下规定:

1 提升用钢丝绳应符合现行国家标准《重要用途钢丝绳》GB 8918 的规定,且公称直径不得小于 12.5 mm。

2 钢丝绳应与单片架体的二榀竖向桁架顶部的专设吊点可靠连接。

3 应保证单片架体在提升过程中处于平稳状态。

4 钢丝绳预紧后方可拆除单片架体与建筑物的连接。

5 起重设备起吊点应与单片架体起吊点在竖直方向对齐,严禁歪拉斜吊。

6 提升速度应采用外部动力设备的最低速度。

8.4.11 当采用液压设备提升架体时,应符合以下规定:

1 液压设备应安放稳固、连接可靠,并试运行合格。

2 液压系统应压力平稳、运行正常,无渗漏。

3 提升速度不应大于 300 mm/min。

4 提升过程中,相邻提升点的高差不得大于 20 mm。

8.4.12 提升过程中如发现有任何可能阻碍提升的情况,应立即停止提升,排除阻碍。

8.4.13 防护架提升应按照"提升 1 片、固定 1 片、封闭 1 片"的原则进行,单片架体提升到位后应立即固定。完成固定前,施工人员不得擅自停工或离岗。

8.4.14 严禁提前拆除防护架分片处的连接、立面及底部封闭设施。

8.4.15 每次提升后,应逐一检查主要受力节点处连接的紧固程度,并及时修整。

8.4.16 单片架体提升固定前,下方应设置安全区,并有专人警戒。架体固定后,应立即完成下层的临边防护。

Ⅲ 使 用

8.4.17 防护架应按设计性能指标进行使用,不得随意扩大使用范围;架体上的施工荷载应符合设计规定,不得超载,不得放置影响局部杆件安全的集中荷载。

8.4.18 架体内的建筑垃圾和杂物应及时清理干净。

8.4.19 未经专门的设计与鉴定,在使用过程中不得进行下列作业:

1 利用架体吊运物料。

2 在架体上拉结吊装缆绳(或绳索)。

3 在架体上推车。

4 任意拆除结构件或松动连接件。

5 拆除或移动架体上的安全防护设施。

6 利用架体支撑模板或卸料平台。

7 其他影响架体安全的作业。

8.4.20 停用超过 3 个月时,应提前采取加固措施。

8.4.21 停用超过 1 个月或遇 6 级及以上大风后复工时,应进行检查,确认合格后方可使用。

8.4.22 螺栓连接件、升降设备、防倾装置、防坠落装置、电控设备、同步控制装置等应每月进行维护保养。

8.4.23 防护架搭设完毕后,应进行验收,合格后方可投入使用。

8.4.24 防护架在使用过程中,架体上的施工荷载必须符合设计要求,并不得超过 1.5 倍使用荷载。

Ⅳ 拆 除

8.4.26 拆除防护架的准备工作应符合下列规定:

1 检查单片架体结构是否完好,构件和连接是否有缺失、损坏,脚手板等附件是否固定牢固,发现问题应立即整改。

2 无轨防护架应检查附着支承及连墙件处的固定是否易于

解除,发现异常应立即处理。

3 应根据检查结果补充完善专项施工方案中的拆除顺序和措施,并经总包和监理单位批准后方可实施。

4 应对操作人员进行拆除安全技术交底。

5 应清除防护架上杂物及地面障碍物。

8.4.27 拆除防护架时,应符合下列规定:

1 应采用起重机械把防护架吊运到地面进行拆除。

2 拆除的构配件应按品种、规格随时码堆存放,不得抛掷。

8.5 自升式平台构造

Ⅰ 安　装

8.5.1 当安装吊杆上有悬挂物时,严禁开动平台。严禁超载使用安装吊杆。

8.5.2 层站应为独立受力体系,不得搭设在平台附墙架的立杆上。

8.5.3 当需安装导轨架加厚标准节时,应确保普通标准节和加厚标准节的安装部位正确,不得用普通标准节替代加厚标准节。

8.5.4 导轨架安装时,应对平台导轨架的垂直度进行测量校准。自升式平台导轨架安装垂直度偏差应符合使用说明书和表8.5.4的规定。

表8.5.4　安装垂直度偏差

导轨架架设高度 h (m)	$h \leqslant 70$	$70 < h \leqslant 100$	$100 < h \leqslant 150$	$150 < h \leqslant 200$	$h > 200$
垂直度偏差 (mm)	$\leqslant h/1000$	$\leqslant 70$	$\leqslant 90$	$\leqslant 110$	$\leqslant 130$

8.5.5 每次加节完毕后,应对自升式平台导轨架的垂直度进行校正,且应按规定及时重新设置行程限位和极限限位,经验收合格后方能运行。

— 51 —

8.5.6 安装标准节连接螺栓时,宜螺杆在下,螺母在上。

8.5.7 平台最外侧边缘与外面架空输电线路的边线之间,应保持安全操作距离。最小安全操作距离应符合表8.5.7的规定。

表8.5.7 **最小安全操作距离**

外电线电路电压(kV)	<1	1～10	35～110	220	330～500
最小安全操作距离(m)	4	6	8	10	15

Ⅱ 升降和使用

8.5.8 升降平台运作时平台下方不得站人。

8.5.9 放置材料时不应超出平台的边缘,容易发生位移的物品必须确保稳定;装载物件时高度不应超过围栏。

8.5.10 无论任何原因导致工作停止时,必须确保主开关上锁。

8.5.11 在上升或者下降时,不得有人站在工作平台的延伸部上。

Ⅲ 拆 除

8.5.12 拆卸前应对关键部件进行检查,当发现问题时,应在问题解决后方能进行拆卸作业。

8.5.13 拆卸作业应符合拆卸工程专项施工方案的要求。

8.5.14 拆卸场地应有足够的工作面,应在拆卸场地周围设置警戒线和醒目的安全警示标志,并应派专人监护。拆卸时,不得在拆卸作业区域内进行与拆卸无关的其他作业。

8.5.15 夜间不得进行拆卸作业。

8.5.16 拆卸附墙架时,导轨架的自由端高度应始终满足使用说明书的要求。

8.5.17 应确保与基础相连的导轨架在最后一个附墙架拆除后,仍能保持各方向的稳定性。

8.5.18 拆卸应连续作业。当拆卸作业不能连续完成时,应根据拆卸状态采取相应的安全措施。

8.6 高处作业吊篮

Ⅰ 安 装

8.6.1 吊篮安装前,应确认结构件、紧固件已配套且完好,其规格型号和质量应符合设计要求。

8.6.2 吊篮所用的构配件应是同一厂家的产品。

8.6.3 应确认安全锁在有效标定期内,方可进行安装。

8.6.4 吊篮应在专业人员指挥下进行安装。

8.6.5 配重悬挂装置应安装在扎实稳定的水平支承面上,且与支承面垂直,脚轮不得受力。

8.6.6 当受工程施工条件限制,悬挂装置需要放置在女儿墙、建筑物外挑檐边缘等位置时,应采取防止其倾翻或移动的措施,且满足支承结构承载要求。

8.6.7 前梁外伸长度应符合产品使用说明书的规定。

8.6.8 悬挑横梁应前高后低,前后水平高差不应大于横梁长度的2%。

8.6.9 当使用2个以上的悬挂机构时,悬挂机构吊点水平间距与吊篮平台的吊点间距应相等,其误差不应大于50 mm。

8.6.10 配重件应稳定可靠地安放在配重架上,并应有防止随意移动的措施。严禁使用破损的配重件或其他替代物。配重件的重量应符合设计规定。

8.6.11 安装任何形式的悬挑结构,其施加于建筑物或构筑物支承处的作用力,均应符合建筑结构的承载能力,不得对建筑物和其他设施造成破坏和不良影响。

8.6.12 提升机、安全锁与吊篮平台的连接,以及工作钢丝绳、安全钢丝绳与吊点的连接螺栓应有防松措施,销轴应有效锁止。

8.6.13 垂放钢丝绳时,作业人员应采取防坠落安全措施。钢丝绳应沿建筑物立面缓慢下放至地面,不得抛掷。

8.6.14 安全绳应固定在建筑物的可承载结构构件上,且应采取防松脱措施;在转角处应设有效保护措施。不得以吊篮的任何部位作为安全绳的拴结点;尾部垂放在地面上的长度不应小于 2 m。

8.6.15 在吊篮安装及使用范围 10 m 内有高压输电线路时,应采取有效隔离措施。

8.6.16 若需在吊篮平台上设置照明时,应使用 36 V 及以下安全电压。

8.6.17 特殊悬挂装置、超长悬吊平台或异型平台,应由专业单位进行设计、提供定制构件,并按照专项方案指导安装与加载试验。

Ⅱ 升降和使用

8.6.18 每班首次使用吊篮前,应检查悬挂装置(含配重)、钢丝绳、制动器、手动滑降装置、安全绳、安全锁和限位装置及其连接、紧固状态。

8.6.19 吊篮应设置作业人员专用的挂设安全带的安全绳及安全锁扣。安全绳应固定在建筑物可靠位置上,不得与吊篮上任何部位有连接,并应符合下列规定:

　　1 安全绳应符合现行国家标准《安全带》GB 6095 的要求,其直径应与安全锁扣的规格相一致。

　　2 安全绳不得有松散、断股、打结现象。

　　3 安全锁扣的配件应完好、齐全,规格和方向标识应清晰可辨。

8.6.20 吊篮作业人员必须遵守下列规定:

　　1 进入吊篮人员的身体条件必须符合高处作业规定。

　　2 必须从地面或建筑平台进出吊篮平台;进入平台时,必须先系好安全带,将自锁器扣牢在安全绳上;下平台前,必须确认安全后再解除自锁器,脱离安全绳。

3 不得将吊篮作为垂直运输设备使用。

4 不得在吊篮平台内用梯子或垫脚物增加作业高度;所载物体的重心不得超出护栏高度。

5 吊篮平台内应保持荷载均衡,不得超载运行。

6 不得将易燃、易爆品及电焊机等机电设备放置在悬吊平台上。

7 电焊作业时,不得使用悬吊平台或钢丝绳作为接地线,且应采取防止电弧灼伤钢丝绳的措施。

8 不得歪拉斜拽悬吊平台。

9 不得固定安全锁开启手柄、摆臂或人为使安全锁失效。

8.6.21 提升机发生卡绳故障时,应立即停机并按照产品使用说明书规定的方法排除故障。不得反复按动升降按钮强行排险。

8.6.22 在运行中发现异响、异味或过热等情况时,应立即停机检查;故障未排除之前不得开机。

8.6.23 当吊篮使用过程中发生故障时,应由专业维修人员排除;安全锁必须由制造商进行维修。

8.6.24 当吊篮施工遇有雨雪、大雾、风沙等恶劣天气时,应停止作业,并应将吊篮平台停放至地面,应对钢丝绳、电缆进行绑扎固定。

8.6.25 吊篮使用完毕,应做好下列工作:

1 将悬吊平台停放在地面或建筑平台上,必要时进行固定。

2 切断电源,锁好电控箱。

3 检查各部位安全技术状况。

4 妥善遮盖提升机、安全锁和电控箱。

8.6.26 对出厂年限超过5年的提升机,每年应进行一次安全评估。评估合格后,可继续使用。

8.6.27 对出厂年限超过3年的安全锁,应报废,不得继续使用。

Ⅲ 拆 除

8.6.28 吊篮应在专业人员指挥下进行拆除。

8.6.29 拆除前,应将悬吊平台降落至地面或建筑平台上,并将钢丝绳从提升机、安全锁中退出,切断总电源。

8.6.30 拆除悬挂装置时,应对作业人员和设备采取相应的安全措施。

8.6.31 拆卸、分解后的零部件不得放置在建筑物边缘,应采取防止坠落的措施;零散物品应放置在容器中。不得将任何物体从高处抛下。

8.6.32 拆卸后的结构件和配重等应码放稳妥,不得堆放过高或过于集中。

9 检查与验收

9.1 一般规定

9.1.1 进入施工现场的升降脚手架及防护架应建立检查验收制度。

9.1.2 升降脚手架及防护架的检查与验收应包括:构配件进场验收、安装后验收、升降前后的检查与验收、使用过程中的检查、拆除前的检查等。

9.1.3 检查与验收应由施工、安装、监理等单位共同确认,合格后方可进入下一道工序。

9.1.4 升降脚手架及防护架在使用过程中,应定期进行检查,检查项目应符合下列规定:

    1 主要受力杆件、剪刀撑等加固杆件、连墙件应无缺失、无松动,架体应无明显变形。

    2 安全防护设施应齐全、有效,应无损坏缺失。

    3 升降脚手架及防护架支座应牢固,防倾、防坠装置应处于良好工作状态,架体升降应正常平稳。

9.2 附着式升降作业安全防护平台

9.2.1 附着式升降作业安全防护平台安装前应具有下列文件:

    1 相应资质证书及安全生产许可证。

    2 有效的产品型式检验报告。

    3 产品进场前的自检记录。

    4 特种作业人员和管理人员岗位证书。

5 各种材料、工具的质量合格证、材质单和测试报告。

6 主要部件及提升机构的合格证。

9.2.2 附着式升降作业安全防护平台应在下列阶段进行检查与验收：

1 首次安装完毕。

2 提升或下降前。

3 提升或下降到位，投入使用前。

4 解体拆除前。

9.2.3 首次提升前施工单位应对升降脚手架进行调试与检验，经第三方检测机构检验合格后方可办理投入使用手续，并应符合下列规定：

1 普通型架体结构采用扣件式钢管脚手架搭设的部分，应对扣件拧紧质量按 50％的比例抽检，合格率应达到 100％。

2 装配型架体结构采用螺栓连接，应对螺栓连接进行全数检查。

3 进行架体提升试验，应检查升降动力设备是否正常运行。

4 应对电动系统进行用电安全性能测试。

5 应按总机位数 30％的比例进行超载与失载试验，检验同步及限载控制系统的可靠性。

6 应对防坠装置制动可靠性进行检验。

7 应进行其他必需的检验调试项目。

9.2.4 附着式升降作业安全防护平台首次安装完毕及使用之前，应按本标准附录 A 表 A.0.1 进行检验，合格后方可使用。

9.2.5 附着式升降作业安全防护平台提升、下降作业前，应按本标准附录 A 表 A.0.2 规定进行检验，合格后方可实施提升或下降作业。

9.2.6 附着式升降作业安全防护平台使用、提升和下降阶段均应对防坠、防倾覆装置进行检查，合格后方可作业。

9.3 筒 架

9.3.1 筒架材料验收时应符合下列规定：
    1 构配件表面不应有凹凸状、疵点、裂缝和变形。
    2 材料应有质量保证书、出厂合格证(可作为验收依据)。
9.3.2 筒架提升作业前后,应按本标准附录 B 的规定进行检验,合格后方可实施提升或下降作业。

9.4 防护架

9.4.1 外挂防护架在使用前应经过施工、安装、监理等单位的验收。未经验收或验收不合格的防护架不得使用。
9.4.2 外挂防护架安装完毕后应按本标准附录 C 表 C.0.1 规定逐项验收,合格后方可使用。
9.4.3 防护架提升前、就位后投入使用前应按本标准附录 C 表 C.0.2 进行检查,合格后方可提升或使用。

9.5 自升式平台

9.5.1 自升式平台安装完毕且经调试后,安装单位应按本标准附录 D 及使用说明书的有关要求对安装质量进行自检,并应向使用单位进行安全使用说明。
9.5.2 安装单位自检合格后,应经有相应资质的检验检测机构监督检验。
9.5.3 检验合格后,使用单位应组织租赁单位、安装单位和监理单位等进行验收。实行施工总承包的,应由施工总承包单位组织验收。自升式平台安装验收应按本标准附录 D 进行。
9.5.4 严禁使用未经验收或验收不合格的自升式平台。

9.5.5 使用单位应自自升式平台安装验收合格之日起 30 d 内，将自升式平台安装验收资料、自升式平台安全管理制度、特种作业人员名单等，向工程所在地区级以上建设行政主管部门办理使用登记备案。

9.5.6 安装自检表、检测报告和验收记录等应纳入设备档案。

9.6 高处作业吊篮

9.6.1 高处作业吊篮在使用前必须经过施工、安装、监理等单位的验收，未经验收或验收不合格的吊篮不得使用。

9.6.2 高处作业吊篮应按本标准附录 E 的规定逐台逐项验收，并应经空载运行试验合格后方可使用。

10 安全管理

10.0.1 施工现场应建立升降脚手架及防护架工程施工安全管理体系和安全检查、安全考核制度。

10.0.2 升降脚手架及防护架工程应按下列规定实施安全管理：

    1 搭设和拆除作业前，应审核专项施工方案。

    2 应查验搭设升降脚手架及防护架的材料、构配件、设备检验和施工质量检查验收结果。

    3 使用过程中，应检查升降脚手架及防护架安全使用制度的落实情况。

10.0.3 进入施工现场的升降脚手架及防护架产品应具有省级及以上建设行政主管部门组织鉴定或验收的合格证书，并应符合本标准的有关规定。

10.0.4 升降脚手架及防护架施工单位应设置专业技术人员、安全管理人员及相应的特种作业人员。信号工、操作工应由专人指挥、协调一致，不应缺岗。

10.0.5 搭设和拆除升降脚手架及防护架作业应有相应的安全设施，操作人员应佩戴个人防护用品，穿防滑鞋。

10.0.6 升降脚手架及防护架在施工现场安装完成后应进行整机检测。

10.0.7 筒架提升作业应组织专业组施工，内部应按工艺流程和劳动组织分工，做到定位、定岗，并各自对所承担的工作负责。

10.0.8 在每个提升过程中，施工现场安全质监部门应派人对一些重要部位进行检查(如筒架承重销、吊点、手拉葫芦及上下钩的防脱保险等)。

10.0.9 每个筒架提升前，应在筒架上安装 4 根保险钢丝绳，一端拴紧筒架框架主节点,另一端拴于模板提升吊环。

10.0.10 筒架底层应设置闸板,闸板用于封闭筒架与建筑结构之间的空当,防止物料高空坠落。

10.0.11 筒架顶面作为操作平台堆载时,应使用临时连接措施,将上口与模板、排架或相邻筒架相拉接,每个架体堆载不得超过0.5 t。

10.0.12 筒架提升前应清除每层操作平台上的堆物,必须随架体上升的活动荷载(如固定螺栓存放箱等)应有牢固的固定措施。拆下的穿墙螺栓应及时放入专用箱,严禁随手乱放。5级及以上强风天气时,严禁进行提升作业,对已提升的架体应采取临时加固措施。

10.0.13 筒架提升过程中严禁在筒架上站人。如存在有障碍物未清除干净、筒架构件外露等妨碍提升的工况,施工人员必须在暂停提升后方能进入筒架内部操作,在施工人员出筒架后方能继续提升。在筒架提升过程中严禁任何人员进入筒架内部。

10.0.14 作业层上的荷载不得超过设计允许荷载。不得将模板支架、缆风绳、泵送混凝土和砂浆的输送管、卸料平台及大型设备的支承件等固定在升降脚手架上;严禁悬挂起重设备;严禁拆除或移动架体上安全防护设施。

10.0.15 作业层栏杆应采用密目式安全网或其他措施全封闭防护。密目式安全网应为阻燃产品。

10.0.16 临街搭设时,外侧应有防止坠物伤人的防护措施。

10.0.17 作业脚手架同时满载作业的层数不应超过2层。

10.0.18 在升降脚手架上进行电、气焊作业时,作业人员必须持有效证件,作业面应采取防火措施及专人监护。

10.0.19 雷雨天气、5级及以上强风天气应停止架上作业;雨、雪、雾天气应停止脚手架的搭设和拆除作业;雨、雪、霜后上架作业应采取有效的防滑措施,并应清除积雪。

10.0.20 在搭拆升降脚手架及防护架时,在地面应设置安全警戒线、警戒标志,并应派专人监护,严禁非操作人员进入作业范围。

10.0.21 升降脚手架及防护架所使用的电气设施、线路及接地、避雷措施等应符合现行行业标准《施工现场临时用电安全技术规范》JGJ 46 的规定。

10.0.23 当升降脚手架及防护架遇有下列情况之一时,应进行检查,确认安全后方可继续使用:

    1 遇有 6 级及以上强风或大雨过后。

    2 停用超过 1 个月。

    3 架体部分拆除。

    4 其他特殊情况。

10.0.24 吊篮悬吊平台上的人员必须使用安全绳进行人身安全防护。每根安全绳悬挂人数不得超过 2 名。

附录 A 附着式升降作业安全防护平台检查验收

表 A.0.1 附着式升降作业安全防护平台首次安装及使用前检查验收表

工程名称			结构形式	
建筑面积			机位布置情况	
总包单位			项目经理	
租赁单位			项目经理	
安拆单位			项目经理	
序号	检查项目		标准	检查结果
1	保证项目	竖向主框架	各杆件的轴线应汇交于节点处,并应采用螺栓或焊接连接,如不汇交于一点,应进行附加弯矩验算	
2			各节点应焊接或螺栓连接	
3			相邻竖向主框架的高差不应大于 30 mm	
4		水平支承桁架	桁架上、下弦应采用整根通长杆件,或设置刚性接头;腹杆上、下弦连接应采用焊接或螺栓连接	
5			桁架各杆件的轴线应相交于节点上,并宜用节点板构造连接,节点板的厚度不得小于 6 mm	
6		架体构造	空间几何不可变体系的稳定结构	
7		立杆支承位置	架体构架的立杆底端应放置在上弦节点各轴线的交汇处	
8		立杆间距	应符合现行行业标准《建筑施工扣件式钢管脚手架安全技术规范》JGJ 130 中不应大于 2 m 的要求	

序号	检查项目		标准	检查结果
9		纵向水平杆的步距	应符合现行行业标准《建筑施工扣件式钢管脚手架安全技术规范》JGJ 130 中的不大于 1.8 m 的要求	
10		剪刀撑设置	水平夹角应满足 45°～60°	
11		脚手板设置	架体底部应铺设严密,与墙体无间隙;操作层脚手板应铺满、铺牢,孔洞直径小于 25 mm	
12		扣件拧紧力矩	40 N·m～65 N·m	
13	保证项目	附墙支座	每个竖向主框架所覆盖的每一楼层处应设置 1 道附墙支座	
14			使用工况,应将竖向主框架固定于扶墙支座上	
15			升降工况,附墙支座上应设有防倾、导向的结构装置	
16			附墙支座应采用锚固螺栓与建筑物连接,受拉螺栓的螺母不得少于 2 个或采用单螺母加弹簧垫圈	
17			附墙支座支承在建筑物上连接处混凝土的强度应按设计要求确定,具有升降、防坠、卸荷功能的附墙支座处混凝土强度不应小于 C20,具有防倾、导向功能的附墙支座处混凝土强度不应小于 C15	
18		架体构造尺寸	架高不应大于 4.5 倍层高	
19			架宽不应大于 1.2 m,不应小于 0.7 m	
20			架体全高×支承跨度不应大于 110 m²	
21			支承跨度直线型不应大于 7 m	
22			支承跨度折线或曲线型架体,相邻两主框架支撑点处的架体外侧距离不应大于 5.4 m	
23		架体构造尺寸	水平悬挑长度不大于 2 m,且不应大于跨度的 1/2	
24			升降工况上端悬臂高度不应大于 2/5 架体高度且不应大于 6 m	
25			水平悬挑端以竖向主框架为中心对称斜拉杆水平夹角不应小于 45°	

续表A.0.1

序号	检查项目		标准	检查结果
26	保证项目	防坠落装置	防坠落装置应设置在竖向主框架处并附着在建筑结构上	
27			每一升降点不得小于1个,应在使用和升降工况下都能起作用	
28			防坠落装置与升降设备应分别独立固定在建筑结构上	
29			应具有防尘防污染的措施,并应灵敏可靠和运转自如	
30			钢吊杆式防坠落装置,钢吊杆规格应由计算确定,且直径不应小于25 mm	
31		防倾覆设置情况	防倾覆装置中应包括导轨和2个以上与导轨连接的可滑动的导向件	
32			在防倾导向件的范围内应设置防倾覆导轨,且应与竖向主框架可靠连接	
33			在升降和使用两种工况下,最上和最下两个导向件之间的最小间距不得小于2.8 m或架体高度的1/4	
34			应具有防止竖向主框架倾斜的功能	
35			应使用螺栓与附墙支座连接,其装置与导轨之间的间隙应小于5 mm	
36		同步装置设置情况	连续式水平支承桁架,应采用限制荷载自控系统	
37			简支静定水平支承桁架,应采用水平高差同步自控系统;若设备受限时,可选择限制荷载自控系统	
38	一般项目	防护设置	密目式安全立网规格型号不应小于2 000目/100 cm^2,且不应小于3 kg/张	
39			防护栏杆高度应为1.2 m	
40			挡脚板高度应为180 mm	
41			架体底层脚手板应铺设严密,与墙体无间隙	

续表 A. 0. 1

检查结论				
检查人 签字	总包单位	分包单位	租赁单位	安拆单位
符合要求,同意使用(　　) 不符合要求,不同意使用(　　) 总监理工程师(签字): 年　　月　　日				

注:本表由施工单位填报,监理单位、施工单位、租赁单位、安拆单位各存 1 份。

表 A.0.2 附着式升降作业安全防护平台提升、下降作业前检查验收表

工程名称		结构形式		
建筑面积		机位布置情况		
总包单位		项目经理		
租赁单位		项目经理		
安拆单位		项目经理		

序号	检查项目		标准	检查结果
1	保证项目	支承结构与工程结构连接处混凝土强度	达到专项方案计算值,具有升降、防坠、卸荷功能的附墙支座处混凝土强度不应小于C20,具有防倾、导向功能的附墙支座处混凝土强度不应小于C15	
2		附墙支座设置情况	每个竖向主框架所覆盖的每一楼层处应设置1道附墙支座	
3			附墙支座上应设有完整的防坠、防倾、导向装置	
4		升降装置设置情况	单跨升降式可采用手动葫芦;整体升降式应采用电动葫芦或液压设备;应启动灵敏,运转可靠,旋转方向应正确;控制柜应工作正常,功能齐全	
5		防坠落装置设置情况	防坠落装置应设置在竖向主框架处并附着在建筑结构上	
6			每一升降点不得少于1个,应在使用和升降工况下都能起作用	
7			防坠落装置与升降设备应分别独立固定在建筑结构上	
8			应具有防尘防污染的措施,并应灵敏可靠和运转自如	
9			设置方法及部位应正确、灵敏可靠,不应人为失效和减少	
10			钢吊杆式防坠落装置,钢吊杆规格应由计算确定,且直径不应小于25 mm	

序号	检查项目		标准	检查结果
11	保证项目	防倾覆装置设置情况	防倾覆装置中应包括导轨和2个以上与导轨连接的可滑动的导向件	
12			在防倾导向件的范围内应设置防倾覆导轨,且应与竖向主框架可靠连接	
13			在升降和使用两种工况下,最上和最下两个导向件之间的最小间距不得小于2.8 m或架体高度的1/4	
14		建筑物的障碍物清理情况	应无障碍物阻碍外架的正常滑升	
15		架体构架上的连墙杆	应全部拆除	
16		塔吊或施工电梯附墙装置	应符合专项施工方案的规定	
17		专项施工方案	应符合专项施工方案的规定	
18	一般项目	操作人员	应经过安全技术交底并持证上岗	
19		运行指挥人员、通信设备	人员应到位,设备应工作正常	
20		监督检察人员	总包单位和监理单位人员应到场	
21		电缆线路、开关箱	应符合现行行业标准《施工现场临时用电安全技术规范》JGJ 46中对线路负荷计算的要求;应设置专用的开关箱	

检查结论				
检查人签字	总包单位	分包单位	租赁单位	安拆单位

符合要求,同意使用( )
不符合要求,不同意使用( )

总监理工程师(签字):
年 月 日

注:本表由施工单位填报,监理单位、施工单位、租赁单位、安拆单位各留存1份。

附录 B 筒架检查验收

表 B.0.1 核心筒电梯井筒架提升前检查验收表

工程名称：			地址：		
总包单位：			机位数量： 台套		架体高度：
所在楼层：		安装负责人：	验收日期：		
序号	检查项目	规定要求		检验结果	单项判定
1	提升设备、架体	手拉葫芦及钢丝绳、提升吊耳应完好，预留孔位置应正确			
2	架体内堆载	应清除架体上的活动荷载、施工材料，并固定好必须随架体提升的材料			
3	安全保险措施	应检查落实提升人员的安全保险措施，并收好架体上的拉接、挑板			
4	混凝土强度	受力处混凝土强度应大于 10 MPa			
自检意见	公司		班组		
验收意见	项目部		监理		

表 B.0.2 核心筒电梯井筒架提升后检查验收表

工程名称：			地址：		
总包单位：			机位数量： 台套		架体高度：
所在楼层：		安装负责人：	验收日期：		

序号	检查项目	规定要求	检验结果	单项判定
1	竖向主框架	垂直度偏差不应大于 3‰		
2	架体立杆、横杆连接	架体立杆、横杆接头不得在同一平面		
3	架体相邻机位高差	高差应小于 20 mm		
4	架体底部高差	任意两点间的水平高差应小于 20 mm		
5	架体安全防护	应使用木板封实架体底部		
6	架体所有扣件螺栓	扣件螺栓预紧拧力矩应为 40 N·m～50 N·m		
7	底部搁脚	应按方案布置每只筒架搁脚高差及伸进预留孔距离		
自检意见	公司		班组	
验收意见	项目部		监理	

附录 C 防护架验收检查

表 C.0.1 防护架安装检查验收表

工程名称				建筑面积(m²)		
结构形式		建筑层数		最大层高(m)		
防护架类型		单片数量				
总包单位				项目经理		
使用单位				项目经理		
专项方案编制单位				项目经理		
安装单位				项目经理		
序号	检查项目	检查内容			项目类别	检查结果
1	技术资料	安全专项施工方案			A	
2		主要构配件和设备出厂合格证			A	
3		安装技术交底记录			A	
4	架体基本情况	架体高度不应大于 13.5 m			A	
5		单片架体长度不应大于 6 m			A	
6		架体宽度不应大于 0.8 m			A	
7		架体步距不应大于 2 m			A	
8		单片架体水平悬挑长度不应大于 1.8 m			A	
9		单片架体竖向桁架的间距应为架体长度的 40%～60%			A	
10		竖向桁架(或导轨)应沿架体高度通长布置			A	
11		竖向桁架间横梁最大间距不应大于 2 m			A	
12		竖向桁架节点应为焊接或螺栓连接			A	
13		使用状态下,悬臂高度不应大于 2/5 架体高度			A	
14		剪刀撑或替代剪刀撑的金属网框应全高设置,且连接可靠			A	

序号	检查项目	检查内容	项目类别	检查结果
15	结构构件和连接	架体布置应符合安全专项施工方案,构件无缺失	A	
16		各构件的型号、规格应符合安全专项施工方案	A	
17		构件应无明显变形、锈蚀、裂纹等	A	
18		焊缝应无缺焊、漏焊、裂纹和其他焊接缺陷及严重锈蚀	A	
19		螺栓、垫片应无缺失;螺栓种类、型号应正确,长度应符合要求	A	
20		竖向桁架(或导轨)的竖直偏差不应大于 5‰,且不应大于 30 mm	A	
21	附着支承	每个楼层应有附着支承或连墙件	A	
22		附着支承或连墙件与建筑结构应采用双螺栓或预埋件连接,连接可靠	A	
23		导轨起升式架体的附着支承应有防倾、防侧移和导向功能	A	
24		架体和每个附着支承应可靠连接	A	
25	提升钢丝绳	钢丝绳规格型号应符合安全专项施工方案	A	
26		钢丝绳应无断丝、断股、松股、硬弯、锈蚀,无油污和附着物	A	
27		钢丝绳与架体的连接位置应符合安全专项施工方案	A	
28	安全防护	单片间距不应大于 300 mm,单片之间应有可靠防坠落和坠物的措施	A	
29		架体底部与建筑物之间应全封闭	A	
30		外立面应采用密目式安全网或金属防护网封闭	B	
31		顶层作业层上防护立网高度不应小于 1.8 m	B	
32		采用密目式安全网时,作业层外侧应设 1.2 m 高防护栏杆和 180 mm 高挡脚板	B	
33	其他	安装人员应有资格证书	A	
34		应有预埋件的验收记录	A	
35		应在显著位置挂设使用要求标牌	B	

续表 C.0.1

检查结论		符合要求,同意使用( )			
	整改内容				经整改后符合要求,同意使用( )
检查人签字		总包单位	使用单位	专项方案编制单位	安装单位
					年 月 日

注:1. 本表由安装单位填报,总包单位、使用单位、专项方案编制单位、安装单位各存 1 份。
   2. 项目类别中 A 为保证项目,B 为一般项目。

表 C.0.2 防护架提升就位检查表

工程名称			建筑面积(m²)		
结构形式		建筑层数		最大层高(m)	
防护架类型		单片数量		作业楼层号	
总包单位			项目经理		
使用单位			项目经理		
专项方案编制单位			项目经理		
安装单位			项目经理		

序号	检查项目	检查内容	项目类别	检查结果
1	技术资料	提升技术交底记录	A	
2		提升动力设备符合安全专项施工方案	A	
3	架体结构和连接	架体构件应无缺失、损坏、明显变形、锈蚀、裂纹等	A	
4		螺栓、扣件等连接材料应无缺失,连接无松动	A	
5		脚手板、外防护网等应固定牢固	A	
6		单片之间的连接应解除或重新连接	A	
7		竖向桁架顶部的专设吊点应牢固	A	
8		导轨应无明显变形、卡阻,润滑良好	A	
9		架体上的杂物应清理完毕	A	
10		影响架体提升的障碍物应清理	A	
11	附着支承	预埋件的验收记录	A	
12		上层附着支承处混凝土强度应符合安全专项施工方案要求,且不应小于 2 MPa	A	
13		附着支承位置误差不应大于 15 mm	A	
14		上层附着支承或连墙件与建筑结构应采用双螺栓或预埋件固定,连接可靠	A	
15		附着支承或连墙件处的架体固定措施应易于解除或重装	A	
16		就位后架体和每个附着支承或连墙件应可靠连接	A	
17		使用状态下,悬臂高度不应大于 2/5 架体高度	A	
18		最上和最下 2 个附着支承的间距不应小于 2.8 m 或 1/4 架体高度	A	

续表 C.0.2

序号	检查项目	检查内容	项目类别	检查结果
19	提升设备	钢丝绳应无断丝、断股、松股、硬弯、锈蚀,无油污和附着物	A	
20		钢丝绳与架体的连接位置应符合安全专项施工方案	A	
21		钢丝绳和专设吊点的连接应可靠	A	
22		自备提升设备应安放稳固、连接可靠、运行正常	A	
23	安全防护	架体底部与建筑物之间应全封闭	A	
24		架体单元间间隙应封闭严密	A	
25		单片架体固定前,应在下方设置安全区,并有专人警戒	A	
26		提升操作应有专人指挥	A	
27		架体固定后应立即完成下层的临边防护	A	
28		遇塔吊、施工电梯、物料平台等断开处有栏杆和封闭措施,开口处应有可靠的防止人员及物料坠落的措施	A	
29		施工升降机、卸料平台等不应与防护架连接	A	
检查结论		符合要求,同意使用(　　)		
	整改内容	经整改后符合要求,同意使用(　　)		
检查人签字	总包单位	使用单位　　专项方案编制单位	安装单位	
			年　月　日	

注:1. 本表由安装单位填报,总包单位、使用单位、专项方案编制单位、安装单位各存 1 份。

2. 项目类别中 A 为保证项目,B 为一般项目。

附录 D 自升式平台检查验收

表 D.0.1 自升式平台安装自检表

工程名称				工程地址			
安装单位				安装资质等级			
制造单位				使用单位			
设备型号				备案登记号			
安装日期			初始安装高度		最高安装高度		
检查结果代号说明	√＝合格　○＝整改后合格　×＝不合格　无＝无此项						
名称	序号	检查项目	要求			检查结果	备注
资料检查	1	基础验收表和隐蔽工程验收单	应齐全				
	2	安装方案、安全交底记录	应齐全				
	3	转场保养作业单	应齐全				
标志	4	统一编号牌	应设置在规定位置				
	5	警示标志	平台内应有安全操作规程,操纵按钮及其他危险处应有醒目的警示标志,自升式平台应设限载和楼层标志				

续表 D.0.1

名称	序号	检查项目	要求		检查结果	备注
基础和围护措施	6	地面防护围栏门联锁保护装置	应装机电联锁装置,平台位于底部规定位置时,地面防护围栏门才能打开,地面防护围栏门开启后平台不能启动			
	7	地面防护围栏	基础上平台和对重升降通道周围应设置地面防护围栏,高度不小于 1.8 m			
	8	安全防护区	当自升式平台基础下方有施工作业区时,应加设对重坠落伤人的安全防护区及其安全防护措施			
金属结构件	9	金属结构件外观	应无明显变形、脱焊、开裂和锈蚀			
	10	螺栓连接	紧固件应安装准确、紧固可靠			
	11	销轴连接	销轴连接定位应可靠			
	12	导轨架垂直度	架设高度 h(m)	垂直度偏差(mm)		
			$h \leqslant 70$	$\leqslant (1/1\ 000)h$		
			$70 < h \leqslant 100$	$\leqslant 70$		
			$100 < h \leqslant 150$	$\leqslant 90$		
			$150 < h \leqslant 200$	$\leqslant 110$		
			$h > 200$	$\leqslant 130$		
			对钢丝绳式自升式平台,垂直度偏差不应大于 $(1.5/1\ 000)h$			
平台	13	紧急逃离门	平台顶应有紧急出口,装有向外开启活动板门,并配有专用扶梯;活动板门应设有安全开关,当门打开时,平台不能启动			
	14	平台顶部护栏	平台顶应设防护栏杆,高度不应小于 1.05 m			
层门	15	层站层门	应设置层站层门,层门只能由司机启闭,平台门与层站边缘水平距离不应大于 50 mm			

名称	序号	检查项目	要求	检查结果	备注
传动及导向	16	防护装置	转动零部件的外露部分应有防护罩等防护装置		
	17	制动器	制动性能应良好,有手动松闸功能		
	18	齿条对接	相邻两齿条的对接处沿齿高方向的阶差不应大于 0. 3 mm,沿长度的齿差不应大于 0. 6 mm		
	19	齿轮齿条啮合	齿条应有 90% 以上的计算宽度参与啮合,且与齿轮的啮合侧隙应为 0. 2 mm~0. 5 mm		
	20	导向轮及背轮	连接及润滑应良好、导向灵活、无明显倾侧现象		
附着装置	21	附着装置	应采用配套标准产品		
	22	附着间距	应符合使用说明书要求或设计要求		
	23	自由端高度	应符合使用说明书要求		
	24	与构筑物连接	应牢固可靠		
安全装置	25	防坠安全器	必须在有效标定期限内使用（应提供检测合格证）		
	26	防松绳开关	对重应设置防松绳开关		
	27	安全钩	安装位置及结构应能防止平台脱离导轨架或安全器的输出齿轮脱离齿条		
	28	上限位	安装位置:提升速度 v 小于 0. 8 m/s 时,留有上部安全距离不应小于 1. 8 m;v 不小于 0. 8 m/s 时,留有上部安全距离不应小于 $(1. 8+0. 1v^2)$ m		

名称	序号	检查项目	要求	检查结果	备注
安全装置	29	上极限开关	极限开关应为非自动复位型,动作时能切断总电源,动作后须手动复位才能使平台启动		
	30	越程距离	上限位和上极限开关之间的越程距离不应小于 0.15 m		
	31	下限位	安装位置:在平台制停时,应与下极限开关保持一定距离		
	32	下极限开关	在正常工作状态下,平台碰到缓冲器之前,下极限开关应首先动作		
电气系统	33	急停开关	应在便于操作处装设非自行复位的急停开关		
	34	绝缘电阻	电动机及电气元件(电子元器件部分除外)的对地绝缘电阻不应小于 0.5 MΩ;电气线路的对地绝缘电阻不应小于 1 MΩ		
	35	接地保护	电动机和电气设备金属外壳均应接地,接地电阻不应大于 4 Ω		
	36	失压、零位保护	应灵敏、正确		
	37	电气线路	应排列整齐,接地、零线分开		
	38	相序保护装置	应设置		
	39	通信联络装置	应设置		
	40	电缆与电缆导向	电缆应完好无破损,电缆导向架按规定设置		
对重和钢丝绳	41	钢丝绳	应规格正确,且未达到报废标准		
	42	对重安装	应按使用说明书要求设置		
	43	对重导轨	应接缝平整,导向良好		

名称	序号	检查项目	要求	检查结果	备注
对重和钢丝绳	44	钢丝绳端部固结	应固结可靠;绳卡规格应与绳径匹配,其数量不得少于3个,间距不小于绳径的6倍,滑鞍应放在受力一侧		
自检结论:					
检查人签字:			检查日期:	年　月　日	

注:对不符合要求的项目应在备注栏具体说明,对要求量化的参数应填实测值。

表 D.0.2 自升式平台安装验收表

工程名称			工程地址		
设备型号			备案录登记		
设备生产厂			出厂编号		
出厂日期			安装高度		
安装负责人			安装日期		
检查结果代号说明		√＝合格 ○＝整改后合格 ×＝不合格 无＝无此项			
检查项目	序号	内容和要求		检查结果	备注
主要部件	1	导轨架、附墙架应连接安装齐全、牢固,位置正确			
	2	螺栓拧紧力矩应达到技术要求,开口销应完全撬开			
	3	导轨架安装垂直度应满足要求			
	4	结构件应无变形、开焊、裂纹			
	5	对重导轨应符合使用说明书要求			
传动系统	6	钢丝绳应规格正确,未达到报废标准			
	7	钢丝绳固定和编结应符合标准要求			
	8	各部位滑轮应转动灵活、可靠,无卡阻现象			
	9	齿条、齿轮、曳引轮应符合标准要求,保险装置可靠			
	10	各机构应转动平稳,无异常响声			
	11	各润滑点应润滑良好,润滑油牌号正确			
	12	制动器、离合器应动作灵活可靠			
电气系统	13	供电系统应正常,额定电压值偏差不应大于 5%			
	14	接触器、继电器应接触良好			
	15	仪表、照明、报警系统应完好可靠			
	16	控制、操作装置应动作灵活、可靠			
	17	各种电器安全保护装置应齐全、可靠			
	18	电气系统对导轨架的绝缘电阻不应小于 0.5 MΩ			
	19	接地电阻不应大于 4 Ω			

续表 D.0.2

检查项目	序号	内容和要求		检查结果	备注
安全系统	20	防坠安全器应在有效标定期限内			
	21	防坠安全器应灵敏可靠			
	22	超载保护装置应灵敏可靠			
	23	上、下限位开关应灵敏可靠			
	24	上、下极限开关应灵敏可靠			
	25	急停开关应灵敏可靠			
	26	安全钩应完好			
	27	额定载重量标牌应牢固清晰			
	28	地面防护围栏门、平台门机电联锁灵敏可靠			
试运行	29	空载	双平台自升式平台应分别对两个平台进行试运行;试运行中平台应启动、制动正常,运行平稳,无异常现象		
	30	额定载重量			
	31	125%额定载重量			
坠落实验	32	平台制动后结构及连接件应无任何损坏或永久变形,且制动距离应符合要求			

验收结论:

总包单位(盖章): 　　　　验收日期: 　　年　　月　　日

总包单位		参加人员签字	
使用单位		参加人员签字	
安装单位		参加人员签字	
监理单位		参加人员签字	
租赁单位		参加人员签字	

注:1. 新安装的自升式平台及在用的自升式平台应至少每 3 个月进行一次额定载重量的坠落试验;新安装及大修后的自升式平台应作 125%额定载重量试运行。

2. 对不符合要求的项目应在备注栏具体说明,对要求量化的参数应填实测值。

— 83 —

表 D.0.3 自升式平台交接班记录表(♯机)

工程名称		使用单位	
设备型号		备案登记号	
时间	年 月 日 时 分		

| 检查结果代号说明 | √=合格 ○=整改后合格 ×=不合格 | | |

序号	检查项目	检查结果	备注
1	自升式平台通道应无障碍物		
2	地面防护围栏门、平台门机电应联锁完好		
3	各限位挡板位置应无移动		
4	各限位器应灵敏可靠		
5	各制动器应灵敏可靠		
6	应清洁良好		
7	应润滑充足		
8	各部位应紧固无松动		
9	其他		

故障机维修记录:

交班司机签名:	接班司机签名:

表 D.0.4 自升式平台每日使用前检查表

工程名称		工程地址	
使用单位		设备型号	
租赁单位		备案登记号	
检查日期		年　月　日	

检查结果代号说明	√＝合格　○＝整改后合格　×＝不合格无　＝无此项		

序号	检查项目	检查结果	备注
1	外电源箱总开关、总接触器应正常		
2	地面防护围栏门及机电联锁应正常		
3	平台、平台门和机电联锁应操作正常		
4	平台顶紧急逃离门应正常		
5	平台及对重通道应无障碍物		
6	钢丝绳连接、固定情况应正常,各引钢丝绳应松紧一致		
7	导轨架连接螺栓应无松动、缺失		
8	导轨架及附墙架应无异常移动		
9	齿轮、齿条应啮合正常		
10	上、下限位开关应正常		
11	极限限位开关应正常		
12	电缆导向架应正常		
13	制动器应正常		
14	电机和变速箱应无异常发热及噪声		
15	急停开关应正常		
16	润滑油应无泄漏		
17	警报系统应正常		
18	地面防护围栏内及平台顶应无杂物		

发现问题:	维修情况:

司机签名:

表 D.0.5 自升式平台每月检查表

设备型号				备案登记号	
工程名称				工程地址	
设备生产厂				出厂编号	
出厂日期				安装高度	
安装负责人				安装日期	
检查结果代号说明		√＝合格　○＝整改后合格　×＝不合格　无＝无此项			

名称	序号	检查项目	要求	检查结果	备注
标志	1	统一编号牌	应设置在规定位置		
	2	警示标志	平台内应有安全操作规程,操作按钮及其他危险处应有醒目的警示标志,自升式平台应设限载和楼层标志		
基础和围护设施	3	地面防护围栏门机电联锁保护装置	应装机电联锁装置,平台位于底部规定位置地面防护围栏门才能打开,地面防护围栏门开启后平台不能启动		
	4	地面防护围栏	基础上平台和对重升降通道周围应设置防护围栏,地面防护围栏高不应小于1.8 m		
	5	安全防护区	当自升式平台基础下方有施工作业区时,应加设防对重坠落伤人的坠落防护区及其安全防护装置		
	6	电缆收集筒	应固定可靠,电缆应能正确导入		
	7	缓冲弹簧	应完好		
金属结构件	8	金属结构件外观	应无明显变形、脱焊、开裂和锈蚀		
	9	螺栓连接	紧固件应安装准确、紧固可靠		
	10	销轴连接	销轴连接应定位可靠		

名称	序号	检查项目	要求		检查结果	备注
金属结构件	11	导轨架垂直度	架设高度 h(m) $h{\leqslant}70$ $70{<}h{\leqslant}100$ $100{<}h{\leqslant}150$ $150{<}h{\leqslant}200$ $h{>}200$	垂直度偏差(mm) ${\leqslant}(1/1\,000)h$ ${\leqslant}70$ ${\leqslant}90$ ${\leqslant}110$ ${\leqslant}130$		
			对钢丝绳式自升式平台,垂直度偏差不应大于 $(1.5/1\,000)h$			
平台及层门	12	紧急逃离门	应完好			
	13	平台顶部护栏	应完好			
	14	平台门	应开启正常,机电联锁有效			
	15	层门	应完好			
传动及导向	16	防护装置	转动零部件的外露部分应有防护罩等防护装置			
	17	制动器	制动性能良好,手动松闸功能应正常			
	18	齿轮齿条啮合	齿条应有 90% 以上的计算宽度参与啮合,且与齿轮的啮合侧隙为 0.2 mm~0.5 mm			
	19	导向轮及背轮	连接及润滑应良好、导向灵活、无明显倾侧现象			
	20	润滑	应无漏油现象			
附着装置	21	附墙架	应采用配套标准产品			
	22	附着间距	应符合使用说明书要求			
	23	自由端高度	应符合使用说明书要求			
	24	与构筑物连接	应牢固可靠			

续表D.0.5

名称	序号	检查项目	要求	检查结果	备注
安全装置	25	防坠安全器	应在有效标定期限内使用		
	26	防松绳开关	应有效		
	27	安全钩	应完好有效		
	28	上限位	安装位置：提升速度 v 小于 0.8 m/s 时，留有上部安全距离不应小于 1.8 m；v 不小于 0.8 m/s 时，留有上部安全距离不应小于 $(1.8+0.1v^2)$m		
	29	上极限开关	极限开关应为非自动复位型，动作时能切断总电源，动作后须手动复位才能使吊篮启动		
	30	下限位	应完好有效		
	31	越程距离	上限位和上极限开关之间的越程距离不应小于 0.15 m		
	32	下极限开关	应完好有效		
	33	紧急逃离门安全开关	应有效		
	34	急停开关	应有效		
电气系统	35	绝缘电阻	电动机及电气元件(电子元器件部分除外)的对地绝缘电阻不应小于 0.5 MΩ；电气线路的对地绝缘电阻不应小于 1 MΩ		
	36	接地保护	电动机和电气设备金属外壳均应接地，接地电阻不应大于 4 Ω		
	37	失压、零位保护	应有效		
	38	电气线路	应排列整齐，接地、零线分开		
	39	相序保护装置	应有效		
	40	通信联络装置	应有效		
	41	电缆与电缆导向	电缆应完好无破损，电缆导向架应按规定设置		

名称	序号	检查项目	要求	检查结果	备注
对重和钢丝绳	42	钢丝绳	应规格正确,且未达到报废标准		
	43	对重导轨	应接缝平整,导向良好		
	44	钢丝绳端部固结	应固结可靠;绳卡规格应与绳径匹配,其数量不得少于3个,间距不小于绳径的6倍,滑鞍应放在受力一侧		

检查结论:

租赁单位检查人签字:
使用单位检查人签字:
日期:　　年　　月　　日

注:对不符合要求的项目应在备注栏具体说明,对要求量化的参数应填实测值。

附录 E 高处作业吊篮检查验收

表 E.0.1 高处作业吊篮使用验收表

工程名称			结构形式	
建筑面积			机位布置情况	
总包单位			项目经理	
租赁单位			项目经理	
安拆单位			项目经理	

序号	检查部位		检查标准	检查结果
1	保证项目	悬挑机构	悬挑机构的连接销轴规格应与安装孔相符并锁定可靠	
			悬挑机构应稳定,前支架受力点应平衡,结构强度应满足要求	
			悬挑机构抗倾覆系数不应小于2,配重足量应稳妥安放,锚固点、结构强度应满足要求	
2		吊篮平台	吊篮组装应符合产品说明书要求	
			吊篮平台应无明显变形和严重锈蚀,及大量附着物	
			连接螺栓应无遗漏并拧紧	
3		操控系统	供电系统应符合施工现场临时用电安全技术规范要求	
			电器控制箱各种安全保护装置应齐全可靠、灵敏可靠	
			电缆应无破损裸露,收放自如	

续表 E.0.1

序号	检查部位		检查标准	检查结果
4	保证项目	安全装置	安全锁应灵活可靠,在标定有效期内,离心触发式制动距离不应大于200 mm,摆臂防倾应3°~8°锁绳	
			应独立设置棉纶安全绳,绳直径不应小于16 mm,锁绳器应符合要求,安全绳与结构固点应连接可靠	
			行程限位装置应正确稳固、灵敏可靠	
			超高限位器止挡应安装固定在顶端80 cm处	
5		钢丝绳	动力钢丝绳、安全绳及索具的规格、型号应符合产品说明书要求	
			锁绳应无断丝、断股、松股、硬弯锈蚀,无油污和附着物	
			钢丝绳的安装应稳妥可靠	
6	一般项目	技术资料	吊篮安装和组织方案	
			安装、操作人员的资格证书	
			防护钢架结构件的合格证书	
			产品标牌应内容完整(产品名称、主要技术性能、制造日期、出厂编号、制造厂名称)	
7	防护		施工现场应落实安全防护措施、划定安全区、设置安全警示标识	

验收结论				

验收人签字	总包单位	分包单位	租赁单位	安拆单位

监理单位验收:符合验收程序,同意使用(　　)。
不符合验收程序,重新组织验收(　　)。

总监理工程师:(签字)

年　　月　　日

本标准用词说明

1　为便于在执行本标准条文时区别对待,对要求严格程度不同的用词说明如下:

1) 表示很严格,非这样做不可的用词:

正面词采用"必须";

反面词采用"严禁"。

2) 表示严格,在正常情况下均应这样做的用词:

正面词采用"应";

反面词采用"不应"或"不得"。

3) 表示允许稍有选择,在条件许可时首先应这样做的用词:

正面词采用"宜";

反面词采用"不宜"。

4) 表示有选择,在一定条件下可以这样做的用词,采用"可"。

2　条文中指明应按其他有关标准执行时的写法为"应符合……的规定"或"应按……执行"。

引用标准名录

1 《金属材料室温拉伸试验方法》GB/T 228
2 《碳素结构钢》GB/T 700
3 《球墨铸铁件》GB 1348
4 《低合金高强度结构钢》GB/T 1591
5 《低压流体输送用焊接钢管》GB/T 3091
6 《碳钢焊条》GB/T 5117
7 《低合金钢焊条》GB/T 5118
8 《六角头螺栓 C 级》GB/T 5780
9 《六角头螺栓》GB/T 5782
10 《钢丝绳用普通套环》GB/T 5974.1
11 《钢丝绳夹》GB/T 5976
12 《安全带》GB 6095
13 《重要用途钢丝绳》GB 8918
14 《直缝电焊钢管》GB/T 13793
15 《压铸铸合金》GB/T 13818
16 《钢管脚手架扣件》GB 15831
17 《起重用短环链验收总则》GB/T 20946
18 《起重用短环链 T 级(T、DAT 和 DT 型)高精度葫芦链》GB/T 20947
19 《建筑结构荷载规范》GB 50009
20 《混凝土结构设计规范》GB 50010
21 《钢结构设计规范》GB 50017
22 《冷弯薄壁型钢结构技术规范》GB 50018
23 《建筑施工脚手架安全技术统一标准》GB 51210

24 《施工现场临时用电安全技术规范》JGJ 46

25 《建筑施工安全检查标准》JGJ 59

26 《建筑施工高处作业安全技术规范》JGJ 80

27 《建筑施工扣件式钢管脚手架安全技术规范》JGJ 130

28 《建筑施工工具式脚手架安全技术规范》JGJ 202

29 《建筑施工用附着式升降作业安全防护平台》JG/T 546

30 《手动起重设备用吊钩》JB/T 4208.1

31 《手动起重设备用吊钩闭锁装置》JB/T 4208.2

32 《球墨铸铁热处理工艺及质量检验》JB/T 6051

33 《手拉葫芦》JB/T 7334

34 《危险性较大的分部分项工程安全管理规范》
DGJ 08—2077

上海市工程建设规范

建筑工程升降脚手架及防护架技术标准

DG/TJ 08—2376—2021
J 15846—2021

条 文 说 明

2022 上海

目　次

Contents

1 总 则

1.0.3 升降脚手架及防护架的安装、使用与拆卸除应执行本标准外，尚应符合各自的产品标准和技术规程。

2 术语和符号

2.1 术语

本标准给出的术语是为了在条文的叙述中,使升降脚手架有关的俗称和不统一的称呼在本标准及今后的使用中形成统一的概念,并与其他类型的钢管支架有关称呼趋于一致,利用已知的概念特征赋予其含义,但不一定是术语的准确定义,所给出的英文译名是参考国外资料和专业词典拟定的。

升降脚手架及防护架的主要构件为工厂制作的专用的钢结构产品,并在施工现场按特定程序组装。其中,附着式升降作业安全防护平台、筒架、防护架可根据工程需求设计制作,自升式平台、高处作业吊篮属于定型产品。

2.1.1、2.1.2 国家标准《建筑施工脚手架安全技术统一标准》GB 51210—2016 中,对脚手架、作业脚手架以及支撑脚手架分别给出了相应的术语:

脚手架 scaffold:由杆件或结构单元、配件通过可靠连接而组成,能承受相应荷载,具有安全防护功能,为建筑施工提供作业条件的结构架体,包括作业脚手架和支撑脚手架。

作业脚手架 operation scaffold:由杆件或结构单元、配件通过可靠连接而组成,支撑于地面、建筑物上或附着于工程结构上,为建筑施工提供作业平台和安全防护的脚手架,包括以各类不同杆件(构件)和节点形式构成的落地作业脚手架、悬挑脚手架、附着式升降脚手架等,简称作业架。

支撑脚手架 supporting scaffold:由杆件或结构单元、配件通过可靠连接而组成,支承于地面或结构上,可承受各种荷载,具有安全保护功能,为建筑施工提供支撑和作业平台的脚手架,包括以各类不同杆件(构件)和节点形式构成的结构安装支撑脚手架、混凝土施工用模板支撑脚手架等,简称支撑架。

本标准在国家标准的基础上进行补充和细化,并将各类脚手架之间关系梳理形成图1所示。

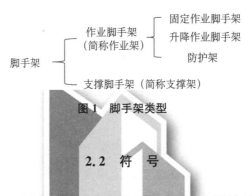

图1 脚手架类型

2.2 符 号

本标准的符号执行现行国家标准《工程结构设计基本术语标准》GB/T 50083 的规定,并根据需要适当增加了一些内容。

3 基本规定

3.0.1 鉴于工程结构形式的多样性,具体实施方案必须结合工程结构特点,在符合技术性能指标及使用范围的前提下,编制专项施工组织设计方案。

3.0.3 本条规定了架体主要承载体系为几何不可变体系,且应具有足够的刚度,它既要抵抗风荷载带来的水平线荷载,又要抵抗附墙支座与架体连接处带来的水平集中力,这时架体整体抗弯变形尤为重要。

3.0.4 每个生产厂家及施工单位使用的产品型号不同,设计技术性能指标不同,因此在施工或使用前,必须对照不同产品的技术指标和适用范围对体系进行检查,确保安全。技术性能指标主要包括架体高度、架体跨度、架体悬挑长度、架体悬臂高度、组架方式、同步控制及限载方式、防坠装置性能、防倾装置结构等,使用范围主要包括工程结构类型、最大使用高度、其他特殊设计使用范围等。

3.0.5 本条规定了升降脚手架及防护架应具有的设备及安全装置,包括了升降设备、防坠装置、防倾装置、同步控制装置,这些设备和装置的安全可靠直接影响整个体系的安全性能。

4 材料与构配件

4.1 一般规定

4.1.1～4.1.7 规定了主要构配件加工制作用的材料材质、质量规定的最低标准,加工制作时应根据设计需要选用不低于本规定的材质质量标准。

4.2 附着式升降作业安全防护平台

4.2.1,4.2.2 对附着式升降作业安全防护平台所用的原材料提出了特别的要求,在构配件加工制作时应严格执行,确保安全。

4.2.3 本条对平台结构的连接材料作出了规定,包括焊接用的焊条、螺栓、锚栓等。

4.2.4,4.2.5 对脚手板和外围护网的材料性能作出了规定,用于平台的脚手板必须是金属材质的材料,可以起到防火作用。

4.6 高处作业吊篮

4.6.1～4.6.7 对吊篮的构配件作了具体规定,以确保安全使用。

7 构造要求

7.1 一般规定

7.1.1 本条规定了升降脚手架及防护架必须具备的可靠的附着支撑结构,以确保安全可靠。

7.1.2,7.1.3 规定了主要承力结构为桁架和竖向主框架,其连接必须安全可靠。

7.1.4 本条规定了外防护的高度,施工作业面至升降脚手架及防护架顶部的距离不应小于 1.2 m。

7.2 附着式升降作业安全防护平台

7.2.1 本条说明了升降脚手架必备的基本构造,应具有可靠的升降动力设备和能保证同步性能及限载要求的控制系统,且应具有可靠的防坠安全装置。

7.2.2~7.2.4 提出了附着式升降作业安全防护平台由单元产品组成,介绍了普通型和装配型架体结构组成,所列图示仅供参考。考虑普通型所使用的钢管扣件质量普遍不达标,因此,在上海地区宜使用装配型架体。

7.2.5 本条规定了升降脚手架结构构造尺寸。

1 规定了架体的高度,主要考虑了 3 层未拆除模板层的高度和顶部在施楼层及其上防护栏杆(1.8 m)的防护要求,且同时满足底层模板拆除时外围护的要求。如果高度过大,架体自重增加,附着支承结构处混凝土强度无法满足要求。

2 架体宽度指内外排立杆轴线间的距离。本款规定了最小宽度是考虑到使用时人员操作空间的因素,当小于 0.7 m 时会产生安全隐患。最大宽度的限定是根据吊点形式不同而设置的,考虑了偏心受力时架体自重对吊点处产生附加弯矩,宽度过大对于整体结构不安全,自重和施工荷载也会增加。

3 本款规定了支承跨度的最大值,也应根据不同产品设计规定,但不得大于本款规定。

4 一般情况下,架体的端部荷载最大,如果不严格控制则危险性也最大。因此,本款作出了更严格的要求。

5 架体悬臂高度是指最上一个具有防倾功能的附墙支座至架体顶部的距离,该部分架体受风荷载影响最大。因此,规定了悬臂最大值;当超过该值时,应采取加强措施。不同产品应有悬臂工况的设计技术性能指标。

6 主要考虑由于不同层高建筑使用时,架体高度不同,必须同时控制高度和跨度,确保控制荷载和使用安全。

7.2.6 竖向主框架是升降脚手架重要的承力和稳定构件,架体所有荷载均由其传递给附着支承结构,要求竖向主框架设计为具有足够强度和支撑刚度的空间几何不变体系的稳定结构。

1 从整体承载和支撑的强度、刚度考虑应设计为整体式结构,为便于安装运输,也可设计为分段对接式的结构。

2 针对采用中心起吊的架体,在吊装悬挑梁行程范围内主框架及架体纵向水平杆必须断开,断开部位必须进行可靠加固。

7.2.7 水平支承桁架是作为承载架体荷载并将其传递给主框架的构件。

1~3 对水平支承桁架构造设计的要求。

4 考虑主要承受由立杆传递的架体竖向荷载,故要求立杆底端必须放置在上弦节点各轴线的交汇处,确保承传力合理有效。

5 内外排水平支承桁架应构成空间稳定结构,以提高其整体性和稳定性。

7.2.8 本条规定了装配型升降脚手架外排水平支承桁架用网片代替时的构造要求。考虑桁架强度因素，除了应进行专门设计外，网片应同时满足：应有边框及斜撑杆、尺寸不应大于 2 m×2 m、连接应采用螺栓且距离架体主节点不应大于 200 mm。

7.2.9 本条规定了导轨设置的构造要求。装配型升降脚手架一般将导轨代替内侧主框架使用，此时应严格设计计算，且导轨之间的接长应设置刚性连接，确保它作为主框架时的刚度要求。

7.2.10 本条规定了附墙支座设置的构造要求，说明了附着支承结构的基本形式、构造和使用要求，是保证升降脚手架能附着在在建工程上，并沿着支承结构能自行升降的重要措施。只有满足此构造要求，整个体系才是安全的。

　　1　附墙支座应于竖向主框架所覆盖的每一个楼层处设置，附墙支座是具有防倾、防坠、承载等功能的装置的总称，每一个楼层是指已浇筑混凝土且强度达到要求的楼层。

　　2　主要是保证竖向主框架的荷载能直接有效地传递给附墙支座。

　　3　升降工况下，附墙支座应具有防倾和导向功能，且规定了附着处的结构混凝土强度最低要求。

　　4　本款规定了防坠装置与提升受力装置的附墙支座必须分开设置，如果设置在同一个附墙支座上，当提升受力功能发生问题时，防坠功能将一起出现问题，无法起到防坠作用。

　　5　本款规定了附墙支座与建筑物连接螺栓的使用要求，主要考虑防止受拉端的螺母退出以及附墙支座受力后抗扭转等因素。规定了与混凝土面接触的垫板最小尺寸，过小可能会引起预留孔处混凝土的局部破坏。

7.2.11 底部桁架不能连续设置的情况经常发生在塔吊附墙处，而考虑到底部桁架强度问题，本条规定可采用扣件钢管搭设成桁架对底部进行加强。

7.2.12 物料平台是设置在脚手架外侧的装卸材料的平台，如将它与脚手架相连,会给脚手架造成一个向外翻的荷载,严重影响架体的安全。因此,二者应严格独立使用。

7.2.13 在遇到塔吊、施工电梯、物料提升机的附墙支撑和物料平台时架体必须断开或开洞,断开或开洞处应按照临边、洞口的防护要求进行防护。

7.2.14 本条规定了在承受架体集中荷载较大、容易变形或损坏、悬挑和断口等位置应设计有加强构造的措施。

7.2.15 本条规定了升降脚手架的外侧围护网、脚手板、隔离防护、栏杆及挡脚板等安全防护措施,应采用不可燃材料制作,严格执行防火要求。

7.2.16 本条针对普通型升降脚手架,其架体采用扣件式钢管脚手架搭设,结构构造应符合现行行业标准《建筑施工扣件式钢管脚手架安全技术规范》JGJ 130 的规定,其中包括了纵距、横距、步距、剪刀撑、连墙件、对接扣件错步、主节点构造等所有相关构造。

7.3 筒 架

7.3.1～7.3.6 提出了筒架的主要结构基本组成及基本要求。强调了底部用于搁置在建筑结构上的承力构件必须为可自动就位的装置,防止升降过程中上人作业。

7.3.7 本条规定了筒架构造基本尺寸。

1 一般情况下,筒架的高度覆盖 3 个楼层加围护高度就能够满足施工要求,因此本标准推荐使用 3.5 倍的建筑层高。

2,3 根据现行国家标准《建筑施工脚手架安全技术统一标准》GB 51210 和实际使用效果,规定了步高和立杆间距的要求。这里所说的标准节高度即为每步脚手架的高度。

7.4 防护架

7.4.1 本条规定了防护架的组成部分及类型。鉴于近年来防护架技术发展和实际工程应用效果,分为导轨起升式和无轨起升式两大类防护架。导轨起升式防护架在无轨起升式基础上,通过不同形式的构配件连接,增加了导向提升、自动定位受力、水平高差调节功能。二者均是分片设置,利用起重设备随施工进度逐层单片提升,建筑主体施工完毕后,吊运至地面拆除。

7.4.2 本条规定了防护架的使用性质,即不作为施工承重架体使用,仅为工人作业提供操作平台和外防护。因此,其上不应长时间停放物料,且停放物料及人工作业时产生的荷载不得大于 1.4 kN/m²。

7.4.3 本条规定了每片防护架结构单元的组成以及提升原则。

7.4.4 本条给出了防护架的一些基本规定以及技术参数。

2,3 竖向桁架为架体的基本骨架,承受架体自重及施工荷载并传递到附着支承上,其本身应具有一定的刚度和强度。因此,在计算满足要求的前提下,可采用桁架或型钢导轨形式。采用桁架形式时,各杆件可采用螺栓连接或者焊接成型。

7.4.5 当作业平台采用脚手架材料搭设时,应计算作业平台处的承载能力;当不满足使用要求时,应专门增加纵向水平杆。

7.4.7 本条给出了附着支承的构造规定。

4 防护架与建筑物的连接有两种方式,其中无轨式及导轨式采取预埋件连接的形式,型钢导轨式采取穿墙螺栓的形式。

7.4.8 无轨式防护架的三角臂在提升工况下应能旋离建筑物楼层,是考虑到建筑物上存在檐板等凸出物,三角臂如能绕竖向桁架旋转,则可避开这类凸出物,防止提升过程中三角臂与其发生碰撞,以保证顺利提升;使用工况下,由于三角臂直接承受由竖向桁架传递来的荷载,三角臂与竖向桁架之间应有定位装置防止三

— 108 —

角臂转动。

7.4.9 导轨式防护架附着支承应具有导向、防倾、承重的功能，在提升工况下，要保证架体能沿竖向桁架方向上升，因此，附着支承与预埋件之间应采取可靠的定位措施将其固定牢固，从而保证架体提升时平稳、顺畅；使用工况下，由于附着支承直接承受由竖向桁架传递来的荷载，因此在这种情况下，附着支承与竖向桁架之间应有定位装置防止附着支承转动，并能约束架体的倾斜。

7.4.10 对采用钢管、扣件等脚手架材料搭设的架体，根据相关规范要求，架体外立面应设置剪刀撑。

7.4.12 为确保安全网或金属防护网的立面防护效果，并考虑风荷载的不利影响，对安全网的密度和金属防护网的开孔孔径进行了规定。

7.4.19 因防护架适用于施工过程中的临边防护，在设计过程中未考虑其承受较大的施工荷载，故规定其不应与施工升降机、卸料平台等连接。

7.5 自升式平台

7.5.1~7.5.3 介绍了自升式平台的组成，分别对单导架型和双导架型的组成进行了介绍，图示仅作为参考。

7.5.4~7.5.10 每一台自升式平台都有对应的使用说明书，除了根据本标准规定的构造外，尚应符合自身型号说明书的使用规定。

8 安装、升降、使用和拆除

8.1 一般规定

8.1.1,8.1.2 安装、升降、拆除三个阶段的交底内容、出席对象等在施工组织设计中应予以明确。

8.1.3,8.1.4 要确保安装质量,保证升降及使用安全的前提是各部件必须完好,符合材料质量标准。因此,在安装前应对所有部件进行检查,及时维修更换。

8.1.7 遇大风前的加固措施包括架体结构上的加固措施、附墙支座上的加固措施以及架体结构的防上翻措施等,应急措施是指临时拆除外侧围护网等有利于减少风荷载作用的措施。夜间禁止升降作业包括升降及升降前移动动力设备、移动附墙支座等升降准备活动。

8.1.10 施工用电方面,特别提醒注意,施工区域的防雷措施可以利用塔吊的避雷系统、工程结构的避雷系统等。当外部的避雷系统保护区域未能全覆盖时,升降脚手架自身应安装避雷系统。

8.1.11 升降动力设备、同步控制系统、防坠装置等设备采用同一厂家、同一规格型号的产品是为了避免作业误差或可能的相互干扰。编号使用是为了便于维修保养和报废工作的开展。